昆虫记
KUN CHONG JI

原著：〔法〕法布尔　　主编：钟书

上海大学出版社

图书在版编目（CIP）数据

昆虫记/钟书主编. -- 上海：上海大学出版社，
2019.1
（雪朗兔读名著）
ISBN 978-7-5671-2271-0

Ⅰ.①昆… Ⅱ.①钟… Ⅲ.①昆虫学－儿童读物
Ⅳ.①Q96-49

中国版本图书馆CIP数据核字（2016）第101887号

丛书主编：钟　书	开本：710mm×1000mm　　1/16
责任编辑：农雪玲	印张：12
出版人：戴骏豪	版次：2019年1月第1版
出版发行：上海大学出版社	印次：2019年10月第3次印刷
（上海市上大路99号　邮政编码 200444）	书号：ISBN 978-7-5671-2271-0/I.369
印刷：枝江市新华印刷有限公司	定价：29.80元

（如有印、装质量问题影响阅读，请直接与承印者联系调换。）

阅读
点亮生活

① 精选书目，打造最适读文本

　　精选适合低年级小学生阅读的书目，邀请一线教师深入加工文字，打造最适读文本。

② 图说名著，图文并茂

　　精美的彩色插图，令经典情节完美呈现。开辟"图说名著"栏目，感受具体化的情节描述，增加阅读乐趣。

③ 难点释义，扫清障碍

　　对于难以理解的字词，给以释义，扫除字词障碍；选取精彩内容进行拓展，开拓视野。

④ 提升品悟能力

　　在篇章后配有阅读感悟，扫除品悟障碍，提升品悟能力。

愿每一个孩子都能学会阅读、享受阅读！

导 读

　　《昆虫记》是法国杰出的昆虫学家法布尔的伟大著作。书中记录了法布尔进行的各种试验，揭开了昆虫生活习惯中的许多秘密。在这个昆虫的王国里，有辛勤的蜜蜂、威武的螳螂、唱歌的蝉……它们像是我们的亲密朋友一样，讲述着它们平凡生活中的不寻常的故事。

　　阅读这本书，我们会了解很多昆虫的自然生命过程，对昆虫世界也会产生不一样的认识。

图1 法布尔第一次去寻找鸟巢和采集野菌的情景，当时那种高兴的心情，至今都让他难以忘怀。

图2　法布尔在阳光下，利用几块玻璃，设计出了一个小型的池塘，他在专注地观察着"池塘"里的动静。

图 3　被管虫妈妈为孩子建造了一个非常舒服的小窝。小毛虫
钻出卵以后，就睡在这舒服的小窝里。

图 4　大白天是蜘蛛们捕食的好时机，如果一些粗心、愚蠢的昆虫碰到了蜘蛛网，蜘蛛便会闪电般冲过去。

图5　犀头妈妈为了造一个好的房子，总是不辞劳苦一次次地搬来很多材料，收集在一起并搓成一个大团，它不断地敲打、揉拧，使这个大团变得坚固而平坦。

目录
CONTENTS

目录
CONTENTS

shuō shuo wǒ men de yí chuán
说 说 我 们 的 遗 传

nǐ zhī dào shén me shì yí chuán ma wǒ men de cái néng hé xìng gé shì
你 知 道 什 么 是 遗 传 吗？我 们 的 才 能 和 性 格 是

cóng zǔ xiān nà lǐ yí chuán xià lái de ma zhè yào zhēn zhèng zhuī jiū qǐ lái ya
从 祖 先 那 里 遗 传 下 来 的 吗？这 要 真 正 追 究 起 来 呀，

hái zhēn shì yí jiàn fēi cháng fēi cháng kùn nan de shì qing ne
还 真 是 一 件 非 常 非 常 困 难 的 事 情 呢。

bǐ rú shuō yí gè ài shǔ xiǎo shí tou de mù tóng zhǎng dà yǐ hòu yǒu
比 如 说，一 个 爱 数 小 石 头 的 牧 童 长 大 以 后，有

kě néng huì chéng wéi yí gè dà shù xué jiā yòu bǐ rú shuō yǒu yí gè hái zi
可 能 会 成 为 一 个 大 数 学 家；又 比 如 说，有 一 个 孩 子

zhěng rì huàn xiǎng yuè qì de shēng yīn tā néng zài nèi xīn pīn còu yuè qǔ
整 日 幻 想 乐 器 的 声 音，他 能 在 内 心 拼 凑① 乐 曲，

nà me zhè ge xiǎo hái kě néng shì wèi yīn yuè tiān cái zài bǐ rú shuō yǒu gè hái
那 么 这 个 小 孩 可 能 是 位 音 乐 天 才；再 比 如 说，有 个 孩

zi hěn xǐ huan diāo sù nián tǔ néng zuò chū gè zhǒng gè yàng de xiǎo mó xíng nà
子 很 喜 欢 雕 塑 黏 土，能 做 出 各 种 各 样 的 小 模 型，那

me tā jiāng lái jí yǒu kě néng chéng wéi yí wèi zhù míng de diāo kè jiā
么 他 将 来 极 有 可 能 成 为 一 位 著 名 的 雕 刻 家。

①把零碎的合在一起

而我自己呢?在我很小很小的时候,我就喜欢观察植物和昆虫。如果你认为我的这种性格是从我祖先那里遗传下来的,那简直是一个天大的笑话。因为,我的祖先们都是没有受过教育的乡下人,他们唯一知道和关心的,就是牛和羊,对其他的东西一无所知。

至于说到我曾经受过什么专门的训练,那就更谈不上了。从小,就没有老师教过我,也没有什么指导者,而且也没有什么书可看。我只是朝着眼前的一个目标不停地走,这个目标就是有朝一日在昆虫的历史上,多少加上几页我自己的独特见解。

我至今还很清楚地记得第一次去寻找鸟巢和采集野菌的情景,当时那种高兴的心情,至今都让我难以忘怀。

那天,我去攀登离我家很近的一座山。在这座山

顶上的树林里，我发现了一只十分可爱的小鸟和这只小鸟的巢。这个鸟巢是用干草和羽毛做成的，里面排列着六个纯蓝色的蛋。我想出了一个计划：先带一个蓝色的蛋回去，作为纪念品，然后两星期后再来，将这些刚孵化出来还不能飞的小鸟拿走。

我把蓝鸟蛋放在青苔上，小心翼翼①地用双手捧着往家里走去。路上，我遇见了一位牧师。他说："啊！一个萨克锡柯拉的蛋！你是从哪里捡的？"

我兴奋地告诉了他事情的前后经过，并说出了我的计划。"不许那样做！"牧师叫了起来，"你不可以那么残忍，去抢那可怜的鸟妈妈的蛋。你要做一个好孩子，答应我以后再也不去碰那个鸟巢。"

从这一番谈话中，我懂得了两件事：第一件，偷鸟蛋是一件很残忍的事。第二件，鸟兽同人类一样，

---

①形容非常小心，一点不敢疏忽

tā men dōu yǒu gè zì de míng zi
它们都有各自的名字。

zhè jiù shì wǒ dì yī cì xún zhǎo niǎo cháo de jīng lì   jǐ nián yǐ hòu   wǒ
这就是我第一次寻找鸟巢的经历，几年以后，我

cái xiǎo de sà kè xī kē lā de yì si shì yán shí zhōng de jū zhù zhě   nà zhǒng
才晓得萨克锡柯拉的意思是岩石中的居住者，那种

xià lán sè dàn de niǎo bèi chēng wéi   shí niǎo
下蓝色蛋的鸟被称为"石鸟"。

wǒ men de cūn zi páng biān yǒu yì tiáo xiǎo hé   hé duì àn shì yí piàn shù
我们的村子旁边有一条小河，河对岸是一片树

lín zài nà lǐ   wǒ dì yī cì cǎi
林。在那里，我第一次采

jí dào le yě jūn   zhè xiē yě jūn
集到了野菌。这些野菌

xíng zhuàng bù yī   yán sè yě gè
形状不一，颜色也各

bù xiāng tóng   tā men yǒu de xiàng
不相同。它们有的像

xiǎo líng er   yǒu de xiàng dēng pào
小铃儿，有的像灯泡，

yǒu de xiàng chá bēi   yǒu xiē yě jūn
有的像茶杯。有些野菌

shì pò de   tā men huì liú chū xiàng
是破的，它们会流出像

牛奶一样的泪。还有些野菌被我踩到了，变成蓝蓝的颜色。其中，有一种最稀奇的，长得像梨一样，它们顶上有一个圆孔，大概是一种烟筒吧。我用指头在下面一戳，会有一簇烟从烟筒里面喷出来。我把它们摘下来，装满了好大一袋子。等到心情好的时候，我就把它们弄得冒烟，直到它们缩成一种像火绒一样的东西为止。

从小时候开始，我就有一个很大的愿望——要在野外建立一个实验室。长大后，我果然在一个小村落的幽静之处得到了一小块土地，真的建立了我的实验室。在这个实验室里，我认识了很多的昆虫朋友和植物朋友，开辟了属于我的美好乐园。

读后感悟

法布尔的祖先没受过教育，他却成为一名昆虫学家。这告诉我们：成功不是因为遗传，而是来自努力。

xǐ huan kūn chóng de hái zi
喜欢昆虫的孩子

wǒ bìng bù wán quán zàn tóng yí chuán zhè zhǒng guān diǎn　wǒ yòng wǒ zì jǐ
我并不完全赞同遗传这种观点。我用我自己

de gù shi lái zhèng míng wǒ xǐ ài kūn chóng de shì hào bìng bú shì lái zì mǒu wèi
的故事来证明我喜爱昆虫的嗜好并不是来自某位

xiān bèi　wǒ de wài zǔ fù hé wài zǔ mǔ cóng lái méi yǒu duì kūn chóng chǎn shēng
先辈。我的外祖父和外祖母从来没有对昆虫产生

guo sī háo de xìng qù hé hǎo gǎn　wǒ de zǔ fù mǔ　wǒ de fù mǔ qīn yě shì
过丝毫的兴趣和好感。我的祖父母、我的父母亲也是

zhè yàng
这样。

jǐn guǎn rú cǐ　wǒ cóng xiǎo jiù xǐ huan guān chá hé huái yí yí qiè shì
尽管如此，我从小就喜欢观察和怀疑一切事

wù　wǒ céng jīng shí yàn wǒ shì zài yòng wǒ de nǎ yì zhǒng qì guān lái gǎn shòu
物。我曾经实验我是在用我的哪一种器官来感受

tài yáng de guāng huī　yě céng jīng yòng jǐ tiān de shí jiān　zài hēi àn de shù lín
太阳的光辉；也曾经用几天的时间，在黑暗的树林

li shǒu hòu yì zhī zhà měng　bìng yǒu le zhà měng huì chàng gē de xīn fā xiàn
里守候一只蚱蜢，并有了蚱蜢会唱歌的新发现。

nà shí hou wǒ zhǐ yǒu liù suì　zài bié rén kàn lái shén me yě bù dǒng　wǒ
那时候我只有六岁，在别人看来什么也不懂。我研究花，研究虫子，完全是因为好奇心的驱使①和对大自然的热爱。

七岁的时候，我走进了学校，这不是正规的学校，也没有专业的老师。我觉得实在没有在大自然里有意思。所以，我在这里也没有学到什么东西。

露天学校有着更大的诱惑力。当老师带着我们去消灭黄杨树下的蜗牛的时候，我却常常不忍心杀害那些小生命。它们是多么美丽啊！黄色的、淡红色的、白色的、褐色的……壳上面都有深色的螺旋纹。我挑了一些最美丽的塞满衣兜，以便空闲的时候拿出来看看。

在帮老师晒干草的日子里，我认识了青蛙；在杨树上，我捉到了青甲虫；我采下水仙花，并学会了用舌尖吸它小滴的蜜汁，我还记得这种花的漏斗的

---

①推动，支配

颈部有一圈美丽的红色,就像挂了一串红项链。

在收集胡桃的时候,我在一块荒芜的草地上找到了很多蝗虫,有红色的,也有蓝色的,让人眼花缭乱①。无论在什么地方,我对动植物的兴趣都没有减少过。

我真正开始读书,也是从认识动物开始的。

我的父亲把我从学校里领回家去,花了三角钱买来一本书。那上面画着许多五彩的格子,每一格里画着一种动物,就用这些动物的名字和第一个字母来教我认ABC。

我进步很快,不到几天工夫,居然能认认真真地读那本鸽子封面的书了。这激起了我学习的浓厚兴趣。我心爱的动物们开始教我念书,从此以后,它们永远成为我学习和研究的对象。

---

①眼睛看见复杂纷繁的东西而感到迷乱

后来，为了让我用功读书，父母给了我一本廉价的《拉封丹寓言》，里面有许多插图，有乌鸦、喜鹊、青蛙、兔子、驴、猫、狗……这里面的动物会走路、会说话，因此大大激起了我的兴趣。于是《拉封丹寓言》也成了我的朋友。

十岁的时候，我的学习成绩很好。而我也总不会忘记趁着星期天去看看莲花和水仙花有没有在草地上出现；梅花雀有没有在榆树丝里孵卵；金虫是不是在摇摆于微风中的白杨树上跳跃……无论如何，我忘不了它们！

后来我又进了师范学校，校长是位极有见识的人，他不久便信任了我，并且给了我完全的自由，条件是我的功课要好于其他人。

当周围的同学们都在订正背书的错误时，我可以在书桌的角落里观察夹竹桃的果子、金鱼草种子的壳，还有黄蜂的刺和地甲虫们的翅膀。

毕业后，我被派到一家书院去教物理和化学。那个地方离大海不远，这对我的诱惑力实在太大了。那蕴藏着无数新奇事物的海洋，海滩上有美丽的贝壳，还有番石榴树、杨梅树和其他一些树，都足够让我研究好半天的。

我把我的课余时间分成两部分：大部分时间用来研究数学，小部分的时间用来研究植物和搜寻海洋里丰富的宝藏。

后来，我碰到著名的科学家莫昆·坦顿。他解剖蜗牛给我看。他一边解剖，一边为我解释各部分器官。

从此，当我观察动物时，不仅仅观察表面的东西，还会更深入地了解内部情况。

说了那么多，我只是想让你们知道，早在幼年时期，我就有着对大自然的偏爱，我是一个喜欢昆虫的孩子。

读后感悟

法布尔从小对昆虫充满兴趣，并坚持观察和研究昆虫，最终获得成功。我们也有自己的兴趣爱好，只要坚持努力，将来也一定会有成就。

shén mì de chí táng
神秘的池塘

nǐ zhī dào ma zài chí táng li bù zhī dào yǒu duō shao máng lù de xiǎo
你知道吗？在池塘里，不知道有多少忙碌的小

shēng mìng shēng shēng bù xī ❶ ne
生命生生不息①呢！

zài zhè ge biǎo miàn shang tíng zhì bú dòng de chí táng li zài yáng guāng de
在这个表面上停滞不动的池塘里，在阳光的

yùn yù xià tā yóu rú yí gè liáo kuò shén mì ér yòu fēng fù duō cǎi de shì jiè
孕育下，它犹如一个辽阔神秘而又丰富多彩的世界。

tā duō me néng yǐn fā yí gè hái zi de hào qí xīn a
它多么能引发一个孩子的好奇心啊！

xiàn zài ràng wǒ lái gào su nǐ wǒ jì yì zhōng de dì yī gè chí táng ba
现在让我来告诉你我记忆中的第一个池塘吧。

xiǎo shí hou wǒ jiā li hěn qióng wèi le gǎi shàn shēng huó fù mǔ nòng
小时候，我家里很穷。为了改善生活，父母弄

lái le èr shí sì zhī máo róng róng de xiǎo yā zi ràng wǒ yǎng
来了二十四只毛茸茸的小鸭子让我养。

yā zi men xū yào dà liàng de shuǐ tā men xǐ huan zài zhuāng mǎn shuǐ de
鸭子们需要大量的水，它们喜欢在装满水的

①不断地生长、繁殖

盆子里自由自在地翻身跳跃。然而我家住在山上，要从山脚下带大量的水上来是非常困难的。我们自己都不能痛快地喝水，哪里还顾得了那些小鸭呢？

我想起在离山脚不远的地方，有一块很大的草地和一个不小的池塘。那里的确可以成为小鸭们的乐园。

那里的池水很浅，很温暖，水中露出的土丘就好像是一个个小小的岛屿。小鸭们一看到那儿就飞奔过去，忙碌地在岸上寻找食物。吃饱喝足后，它们就下到水里去洗澡。它们在水里欢快地游动，甚至会把身体倒竖起来，上半身埋在水里，尾巴指向空中，仿佛在表演水中芭蕾。我美滋滋①地欣赏着小鸭们优美的动作。

在这里我还看到了许多别的生物。

---

①形容很高兴或很得意的样子

看啦！在那池水深处，许多贝壳像豆子一样扁平，周围冒着几个漩涡；有一种小虫看上去像戴了羽毛；还有一种小生物舞动着柔软的鳍片，像穿着华丽的裙子在跳舞。我不知道它们为什么这样不停地游来游去，也不知道它们叫什么，我只能出神地对着这个神秘的水池，浮想联翩。

池水沿着渠道缓缓地流入附近的田地，那儿长着几棵杨树。

我在树下发现了一只美丽的甲虫，像核桃那么大，身上有一部分是蓝色的。那蓝色是如此的赏心悦目①，使我联想起天堂里美丽的天使，她的衣服一定也是这种美丽的蓝色。我怀着虔诚的心情轻轻地捉起它，把它放进了一个空的蜗牛壳里，用叶子把它塞好。我要把它带回家中，细细欣赏一番。

当我翻开一个大石头时，我发现下面有一个小拳头那么大的窟窿，从窟窿里面发出一道道光，好像是一颗颗钻石在阳光下闪着耀眼的光，又好像是教堂里彩灯上垂下来的一串串晶莹剔透的珠子。多么灿烂而美丽的东西啊！它使我想起孩子们躺在打禾场的干草上所讲的神龙传奇的故事。神龙是地下宝库的守护者，它们守护着不计其数的奇珍异宝。现在在我眼前闪光的这些东西，会不会就是神话中所说的皇冠和首饰呢？我找到

① 指因欣赏美好的情景而心情舒畅

的这些发光的碎石，都是神龙赐给我的珍宝啊！我仿佛觉得神龙在召唤我，要给我数不清的金子。

我把碎石打得粉碎，想看看里面还有什么。可是，我看到的不是珠宝，而是一条往外爬的小虫。它的身体是螺旋形的，带着一节一节的疤痕，有节疤的地方显得格外沧桑和强壮。我不知道它们是怎样钻进这些砖石内部的，也不知道它们钻进去是要干吗。

为了纪念我发现的"宝藏"，再加上好奇心的驱使，我把砖石装在口袋里，塞得满满的。这时候，天快黑了，小鸭们也吃饱了，我对它们说："来，跟着我，我们得回家了。"

我的脑海里装满了幻想，可是一踏进家门，幻想就破灭了。父母的反应令我很失望。

父亲看见我口袋里装满了砖石，还差点儿把

衣服撑破，就发怒了。

"小鬼，我叫你看鸭子，你却自顾自地去玩耍。你捡那么多砖石回来，是不是还嫌我们家周围的石头不够多啊？赶紧把这些东西扔出去！"父亲冲着我吼道。

我只好遵照父亲的命令，把我的那些金粒、

天蓝色的甲虫等珍宝通通扔在门外的废石堆里。

母亲看着我，无奈地叹了口气说："孩子，你真让我为难。如果你带些青菜回来，我倒也不会责备你，那些东西至少可以喂喂兔子。可这种碎石，只会把你的衣服撑破，这种毒虫只会把你的手刺伤，它们究竟能给你什么好处呢？准是什么东西把你迷住了！"

可怜的母亲，她说得不错，的确有一种东西把我迷住了——那是大自然的魔力。几年后，我知道了那个池塘边的"钻石"其实是岩石的晶体；所谓的"金粒"，原来也不过是云母而已，它们并不是什么神龙赐给我的宝物。

尽管如此，对于我，那个池塘始终保持着它的诱惑力，因为它充满了神秘。池塘里的那些东西在我看来，其魅力远胜于钻石和黄金。

我的玻璃池塘

你拥有一个自制的小池塘吗？在那个小池塘里，你可以随时观察水中生物的生活。它没有户外的池塘那么大，也没有太多的生物，可这些恰恰为观察提供了有利条件。除此之外，还不会有行人来打扰你专注的观察。

我的小池塘是这样建成的：先用铁条做好池架，把它装在木头做的基座上面。池上面盖着一块可以活动的木板，下面的池底是铁做的，有一个排水的小洞，池的四周镶着玻璃。

这是一个设计得相当不错的玻璃池，它的容积大约有10到12加仑（1英制加仑约等于3.8升）。

我先往池里放进一些滑腻腻的硬块。那是一种分量很重的东西，表面有许多小孔，看上去很像珊瑚礁。

硬块上面盖着许多绿绿的绒毛般的苔藓，这苔藓能够使水保持清洁。这是为什么呢？让我来告诉你答案吧。

和我们在空气中一样，动物在水池里也要吸入新鲜的氧气，同时排出废气二氧化碳。而植物刚好相反，它们吸入二氧化碳，排放氧气。所以池中的苔藓等植物，就不断吸收废气，经过一番工作后，释放出可以供动物呼吸的氧气。

阳光下，如果你在池边站一会儿，就能看到，在有水草的珊瑚礁上，不断冒出一串串的小气泡，看上去就像是绿油油的草坪上点缀着晶莹的

珍珠。

这些珍珠不断地消逝，又不断地出现，接着倏然在水面上飞散开来，好像水底下发生了小小的爆炸。

水草分解了水中的二氧化碳，得到了碳元素，碳可以用来制造淀粉。而淀粉是生物细胞所不可缺少的东西。

水草所产生出来的氧气，一部分溶解在水中，供水中的动物呼吸，一部分离开水面跑到空气中。你看到的那些像珍珠一样的气泡就是氧气。

我注视着池水中的气泡，遐想了一番：在许多许多年以前，陆地刚刚脱离了海洋，那时水草是地球上的第一种植物，它吐出第一口氧气，供动物呼吸。于是各种各样的动物相继出现了，一代一代繁衍、变化下去，一直形成今天的生物世界。

聪明的石蚕

我往我的玻璃池塘里放进一些小小的水生动物,它们叫石蚕。确切地说,它们是石蚕蛾的幼虫,它们在水里很巧妙地隐藏在一个个枯枝做的密不透风的小袋子里。

石蚕原本生活在池塘沼泽中的芦苇丛里,依附在芦苇的断枝上,随芦苇在水中漂泊。那小袋子就是它的活动房子。

这个活动房子很精巧,材料是植物脱落的根皮。石蚕把这种根皮撕成细条儿,巧妙地编成一个大小适中的小袋子,把身体藏在里面。它们有时候也会用贝壳或米粒来盖房子。贝壳盖的房子就像是一件小小的百衲衣，而米粒堆积成的房子则像一个象牙塔。

石蚕的小袋子不但可以住，还可防御敌人呢。我曾在我的玻璃池塘里看到一幕有趣的战争。安静地潜伏在石块旁的水甲虫看见石蚕，立刻游过去，迅速地抓住了石蚕的小袋子。里面的石蚕感觉到攻击来势凶猛，不易抵抗，就想出了金蝉脱壳的妙计。它不慌不忙地从小袋子里溜

chū lái　　yì zhǎ yǎn jiù táo de wú yǐng wú zōng le
出来，一眨眼就逃得无影无踪了。

　　yě mán de shuǐ jiǎ chóng hái zài jì xù xiōng
　　野蛮的水甲虫还在继续凶

hěn de sī chě zhe xiǎo dài zi　　zhí dào fā jué zǎo yǐ
狠地撕扯着小袋子，直到发觉早已

shī qù le xiǎng yào de shí wù　　shòu le shí cán de
失去了想要的食物，受了石蚕的

piàn shí　　zhè cái xiǎn chū ào nǎo jǔ sàng de shén qíng
骗时，这才显出懊恼沮丧的神情，

wú xiàn liú liàn yòu wú kě nài hé de bǎ kōng dài zi
无限留恋又无可奈何地把空袋子

diū xià　　qù bié chù mì shí le
丢下，去别处觅食了。

　　　kě lián de shuǐ jiǎ chóng　　tā men
　　　可怜的水甲虫！它们

yǒng yuǎn yě bú huì zhī dào cōng míng de
永远也不会知道聪明的

石蚕早已逃到石头底下，在建造它的新住房，防备下一次袭击了。

石蚕靠着它们的小袋子在水中任意遨游，就像开着潜水艇，一会儿上升，一会儿下降，一会儿又神奇地停留在水中央。它们还能靠着那舵的摆动随意控制航行的方向。

不过，如果将石蚕的小袋子剥去，小袋子和石蚕都会往下沉。这是为什么呢？

原来，当石蚕在水底休息时，它把整个身子都塞在小袋子里。当它想浮到水面上时，它就先拖着小袋子爬上芦梗，然后把上半身伸到小袋子外面，这时小袋子的后部就留出一段空隙，石蚕靠着这一段空隙便可以顺利往上浮。装着空气的小袋子就像轮船上的救生圈一样，靠着里面的浮力，使石蚕不至于下沉。所以石蚕不必牢牢地粘附在芦苇枝或水草上，它尽可以浮到水面上接触阳光，也可以在水底尽情遨游。

我们人类有潜水艇，石蚕也有这样一个小小的潜水艇。它们能自由地升降，或者停留在水中央。

虽然它们不懂人类博大精深①的物理学，可照样能把这小小的袋子造得这样的完美，这样的精巧，可见石蚕是多么聪明。大自然的一切是多么巧妙和谐啊！

读后感悟

　　聪明的石蚕利用金蝉脱壳的妙计，逃过了水甲虫的攻击。遇到强大的敌人，正面抗拒很可能会受伤害，巧妙用计逃避的确是一个好方法。

①形容思想和学识广博高深

shén shèng jiǎ chóng qiāng láng
神圣甲虫蜣螂

qiāng láng dì yī cì bèi rén men tán qǐ　shì zài liù qī qiān nián yǐ qián
蜣螂第一次被人们谈起，是在六七千年以前。

gǔ dài āi jí de nóng mín　zài chūn tiān guàn gài nóng tián de shí hou　cháng cháng
古代埃及的农民，在春天灌溉农田的时候，常常

kàn jiàn yì zhǒng féi féi de hēi sè de kūn chóng cóng tā men shēn biān jīng guò
看见一种肥肥的黑色的昆虫从他们身边经过，

máng lù de xiàng hòu tuī zhe yí gè yuán qiú shì de dōng xi　tā men hěn jīng yà
忙碌地向后推着一个圆球似的东西。他们很惊讶

de zhù yì dào le zhè ge qí xíng guài zhuàng de xuán zhuǎn wù tǐ　yīn wèi gǔ āi
地注意到了这个奇形怪状的旋转物体，因为古埃

jí rén rèn wéi zhè ge yuán qiú shì dì qiú de mó xíng　qiāng láng de dòng zuò yǔ tiān
及人认为这个圆球是地球的模型，蜣螂的动作与天

shàng xīng qiú de yùn zhuǎn shì yí zhì de　tā men yǐ wèi zhè zhǒng jiǎ chóng jù
上星球的运转是一致的。他们以为这种甲虫具

yǒu fēi cháng yuān bó de tiān wén xué zhī shi　yīn ér shì hěn shén shèng de　suǒ yǐ
有非常渊博的天文学知识，因而是很神圣的，所以

tā men jiào tā　shén shèng de jiǎ chóng
他们叫它"神圣的甲虫"。

shì shí shang　zhè yuán qiú bìng bù shén shèng　yě bù kě kǒu　ér shì qiāng
事实上，这圆球并不神圣，也不可口，而是蜣

螂从地面上收集的垃圾。不过对蜣螂来说，可能这就是它们的美味了。我曾见到有些贪吃的蜣螂，把圆球做到拳头那么大。

食物做成圆球后，要搬到适当的地方去呀。于是蜣螂就开始旅行了。它用后腿抓紧这个球，再用前腿行走，头向下低着，屁股撅起，向后退着走。

然后把后面的圆球，轮流向左右推动。圆球是那么重，蜣螂走得很艰难。然而，它还总是往险峻的斜坡上爬。

这时，一不小心，球就会滚下斜坡，连蜣螂也被拖了下来。但是，蜣螂不气馁，一次又一次地尝试。有时经过一二十次的努力，才能成功。

有时候，你会发现蜣螂的一个邻居会忽然丢下手中的工作，跑过来帮助球主人运球。但它并不是一个真正的伙伴，而是一个强盗。要知道，自己做成圆球是需要苦工和耐力的！而偷一个已经做成的，如同到邻居家去吃一顿饭，那就容易多了。

有时候，盗贼从上面飞下来，猛地将球主人击倒，抢夺球主人的劳动成果，球主人怎能甘心球被抢走呢？

于是一场猛烈的争斗在所难免。两只蜣螂

互相扭打着，贼蜣螂失败了好几回，被撵走之后，只好去重新做自己的小弹丸。

蜣螂的储藏室是在软土或沙土上掘成的土穴，做得像拳头一般大，有小路通往地面，路的宽度正好可以容纳圆球。食物推进去，它就坐在里面，进出口用一些废物塞起来，好吃的美味刚好塞满一屋子。这家伙差不多有一个或两个礼拜坐在这里昼夜宴饮，尽情享受。

那么，蜣螂的卵究竟在哪儿呢？原来它藏在一个梨形的东西里，这东西是用人们丢弃在原野上的废物做成的，这些原料要相对精细一些，为的是给它的宝宝预备好的食物呢。

蜣螂妈妈在梨形东西里面产卵约一个星期或十天之后，宝宝就孵出来了。出来后，宝宝开始吃四周的墙壁。不久它就变得很肥胖了，不过样子实在

很难看，背上隆起，皮肤透
明，假如你拿它来朝着光
亮看，还能看见它的内部器
官呢。

　　第一次蜕皮后，小宝宝们
还未长成完全的蜣螂。这
时很少有昆虫能比这个小
动物更美丽了，它们的翅膀
盘在中央，身体是半透明
的黄色，看来真如琥珀雕
成的一般。

　　等到差不多四个

星期后，它们再蜕一次皮。这时候它们的颜色是红白色。在变成檀木的黑色之前，它们要换好几回衣服，颜色越来越黑，硬度越来越强，直到披上硬硬的铠甲，才成为真正的甲虫。

新的甲虫就要爬出土穴了，这时候也通常到了八月份。八月的天气很干燥，宝宝们冲破泥土太困难了。但如果下过一阵雨，泥土变得松软，它们就很容易冲出来了。它们用腿挣扎，用背推撞，终于获得了自由。

刚出来的时候，蜣螂宝宝会跑到太阳光下，一动不动地取暖。一会儿，它们就要吃东西了。没有人教，它们也会像前辈一样，去做一个食物的球，然后去掘一个土穴，储藏食物。根本不用学习，它们就完全会从事自己的工作。

mì fēng mão hé hóng mǎ yǐ
蜜蜂、猫和红蚂蚁

wǒ céng tīng shuō mì fēng yǒu biàn rèn fāng xiàng de néng lì yú shì wǒ xiǎng
我曾听说蜜蜂有辨认方向的能力，于是我想

qīn zì yàn zhèng yí xià
亲自验证一下。

yǒu yì tiān wǒ zhuō le sì shí zhī mì fēng jiào wǒ de xiǎo nǚ ér ài gé
有一天，我捉了四十只蜜蜂，叫我的小女儿爱格

lán děng zài wū yán xià rán hòu wǒ bǎ mì fēng zhuāng zài zhǐ dài li dài zhe
兰等在屋檐下。然后，我把蜜蜂装在纸袋里，带着

tā men zǒu le èr lǐ bàn lù dǎ kāi zhǐ dài bǎ tā men pāo qì zài nà lǐ kàn
它们走了二里半路，打开纸袋把它们抛弃在那里，看

yǒu méi yǒu mì fēng fēi huí qù
有没有蜜蜂飞回去。

wèi le hé qí tā mì fēng qū bié kāi lái wǒ zài nà qún mì fēng de bèi
为了和其他蜜蜂区别开来，我在那群蜜蜂的背

shang zuò le bái sè de jì hao zài zhè ge guò chéng zhōng mì fēng men jìn xíng
上做了白色的记号。在这个过程中，蜜蜂们进行

fǎn kàng zhē le wǒ hǎo jǐ xià mì fēng yě sǔn shāng le èr shí duō zhī
反抗，蜇了我好几下。蜜蜂也损伤了二十多只。

fàng zǒu mì fēng de shí hou kōng zhōng chuī qǐ le wēi fēng mì fēng men fēi
放走蜜蜂的时候，空中吹起了微风。蜜蜂们飞

得很低，几乎要触到地面，大概这样可以减少风的阻力。

我想，它们飞得这样低，怎么可以眺望到它们遥远的家园呢？

可是还没等我跨进家门，爱格兰就奔过来，激动地冲我喊道："有两只蜜蜂回来了！在两点四十分的时候到达蜂巢，还带来了满身的花粉。"

第二天当我检查蜂巢时，又看见了十五只背上有白色记号的蜜蜂。

尽管空中吹着逆向的风,尽管沿途尽是一些陌生的景物,但它们确确实实回来了。这不是一种超常的记忆力,而是一种无法解释的本能,这种本能正是我们人类所缺少的。

听说猫也和蜜蜂一样,能够认识自己的归途,我一直怀疑。直到有一天我家的猫的确这样做了,我才不得不相信。

我和孩子们曾经养过一只猫,叫作阿虎。后来阿虎生了一大堆小阿虎。我一直收养着它们,有二十多年了。

第一次搬家时,因为不方便,我们只能把一只雌性的小阿虎留在原地,替它另外找一个家。我的朋友劳乐博士很愿意收留这只小阿虎。于是在某天晚上,我们把这只猫送到他家去了。

回家后,我们在晚餐席上 正谈论着这件事,突然一个东西从窗口跳进来。我们都吓了一跳，仔细一看，这个东西正是那只被送掉的小阿虎，正快活又亲切地在我们的腿上蹭呢。

原来小阿虎到了劳乐博士家里，就发狂一般地乱跳。劳乐夫人不得不赶紧打开窗子，于是它从窗口里跳了出去，几分钟之后就回到了原来的家。

我们第二次搬家的时候，阿虎的家族已完全换了一批了。其中有一只成年的小阿虎，长得酷似它的先辈。来到新家，我们把它关在阁楼上，让它渐渐习惯新环境，并想尽了一切办法让它忘掉原来的家。

这样关了一个星期后，我们把它从阁楼上放了出来。它走进了厨房，和别的猫一同站在桌子边。后来它又走进了花园。只见它做出一副非常天真的样子，东张张，西望望，最后仍回到屋里。

太好了，小阿虎再也不会出逃了。

没想到，第二天当我们唤它的时候，小阿虎竟没了踪影。

我的两个女儿在老家找到了小阿虎。它的爪子上和腹部都沾满了沙泥，它一定是渡河回老家去的，而我们的新屋，距离原来的老家足足有四里半呢！

这些真实的故事充分说明了猫和蜜蜂一样，都有着辨别方向的本领，其实除了它们之外，很多动物也有这样的本领。

蚂蚁和蜜蜂是最相似的一对昆虫，我很想知道它们是不是像蜜蜂一样有着辨别方向的本领。

在一片废墟上，有一处地方是红蚂蚁的山寨。红蚂蚁是一种既不会抚育儿女也不会出去寻找食物的蚂蚁，它们为了生存，只好用不道德的办法去掠夺黑蚂蚁的儿女，把它们养在自己家里，将来这些

被占为己有的蚂蚁就永
远沦为了它们的奴隶。

有一天我看见一队出征的红蚂蚁沿着
池边前进，那时天刮着大风，许多红蚂蚁被
吹进水里，白白地做了鱼的美餐。

显然红蚂蚁不会像蜜蜂那样，
会选择另一条路回家，它们只会沿
着原路回家。

我叫小孙女拉茜帮我观察它

们。凡是天气不错的日子里，小拉茜总是蹲在园子里，瞪着小眼睛往地上张望。

有一天，我在书房里听到拉茜的声音："快来快来！红蚂蚁已经走到黑蚂蚁的家里去了！"

"你知道它们走的是哪条路吗？"

"是的，我已经做了记号。我沿路撒了小石子。"

我急忙跑到园子里，红蚂蚁们正沿着那一条白色的石子路凯旋呢！

我取了一片叶子，截走几只蚂蚁，放到别处。这几只就这样迷了路，其他的，凭着它们的记忆力顺着原路回去了。

这证明它们并不是像蜜蜂那样，直接辨认回家的方向，而是凭着对沿途景物的记忆找到回家的路的。即使它们出征的路程很长，需要几天几夜，但只要沿途不发生变化，它们也照旧回得去。

ài chī ròu de yíng huǒ chóng
爱吃肉的萤火虫

zài zhòng duō kūn chóng zhōng　　yíng huǒ chóng shì yǐ fā guāng ér chū míng
在众多昆虫中，萤火虫是以发光而出名

de yíng huǒ chóng kàn qǐ lái sì hū shì yí gè chún jié　shàn liáng　ér qiě fēi
的。萤火虫看起来似乎是一个纯洁、善良，而且非

cháng kě ài de xiǎo dòng wù　dàn shì shí shang　tā shì yí gè xiōng měng wú bǐ
常可爱的小动物，但事实上，它是一个凶猛无比

de shí ròu dòng wù　gèng qí tè de shì　yíng huǒ chóng de bǔ shí fāng fǎ hěn bú
的食肉动物。更奇特的是，萤火虫的捕食方法很不

yì bān
一般。

wō niú shì yíng huǒ chóng de měi shí　yíng huǒ chóng zài kāi shǐ bǔ zhuō liè
蜗牛是萤火虫的美食。萤火虫在开始捕捉猎

wù zhī qián　zǒng shì xiān yào gěi tā dǎ yì zhēn má zuì yào　shǐ zhè ge xiǎo liè wù
物之前，总是先要给它打一针麻醉药，使这个小猎物

shī qù zhī jué　cóng ér yě jiù shī qù le fáng wèi dǐ kàng de néng lì　yǐ biàn
失去知觉，从而也就失去了防卫抵抗的能力，以便

bǔ zhuō bìng shí yòng　zài yì bān qíng kuàng xià　yíng huǒ chóng suǒ liè qǔ de shí
捕捉并食用。在一般情况下，萤火虫所猎取的食

wù　dōu shì yì xiē hěn xiǎo hěn xiǎo de wō niú　hěn shǎo néng bǔ zhuō dào bǐ yīng
物，都是一些很小很小的蜗牛。很少能捕捉到比樱

桃大的蜗牛。

夏天的时候，路旁的枯草或者是麦根上，聚集着大群的蜗牛，像在集体纳凉一般。萤火虫就常常飞到这里，享受美食。当然，萤火虫也会去一些潮湿又阴暗的沟渠附近溜达，因为在这些地方经常可以找到大量的蜗牛。

萤火虫身上长有两片颚，它们分别弯曲起来，再合拢到一起，就形成了一把尖利但细得像头发一样的钩子。

这个小小的昆虫，正是利用这样一件兵器，在蜗牛的外膜上不停地刺击。但是，萤火虫动作很平和，像是在亲吻蜗牛一般。就让我们用"扭"这个字吧。说萤火虫是在"扭"动蜗牛，大概更贴切一些。

萤火虫每扭动一下对方，总是要停下来一小会儿。仿佛是要审看一下这一次扭动产生了何种效

guǒ yì bān tā niǔ dòng de cì shù bìng bú shì hěn duō
果一般。它扭动的次数并不是很多，

dǐng duō yǒu wǔ liù cì jiù zhè me jǐ xià jiù néng ràng
顶多有五六次。就这么几下，就能让

wō niú dòng tan bu de shī qù yí qiè zhī jué jiē xià
蜗牛动弹不得，失去一切知觉。接下

lái jiù shì zài yíng huǒ chóng kāi shǐ chī zhàn lì pǐn de
来，就是在萤火虫开始吃战利品的

shí hou zài niǔ shàng jǐ xià kàn qǐ lái zhè jǐ xià niǔ dòng gèng zhì guān zhòng
时候，再扭上几下。看起来，这几下扭动更至关重

yào tā wèi shén me zài shí yòng qián hái yào lái shàng jǐ xià ne zhè ge wèn tí
要。它为什么在食用前还要来上几下呢？这个问题

wǒ yì zhí zhǎo bú dào dá àn
我一直找不到答案。

nà me yíng huǒ chóng shì rú hé bǎ páng dà de wō niú chī dào dù zi li
那么，萤火虫是如何把庞大的蜗牛吃到肚子里

的呢?是不是要先把蜗牛分割成一片一片的,或者

是割成一些碎粒什么的,然后再去慢慢地、细细地

咀嚼品味它呢?

原来和前面我们谈到的"扭"的动作相似,经

过萤火虫们几次轻轻地咬,蜗牛的肉就已经变成

了肉粥。然后,许多"客人"一起跑过来共同享用。

很随意地,每一位"客人"都一口一口地把它吃掉,并

利用自己的消化素把它做成汤。

能够运用这样一种方法,说明萤火虫的嘴

是非常柔软的。萤火虫在用毒牙给蜗牛注射毒药

的同时,也会注入其他的物质到蜗牛的体内,以便让

蜗牛身上固体的肉变成流质,这种流质很适合萤

火虫那柔软的嘴。这样一来,它吃得更加方便自如。

然而,萤火虫之所以这么有名气,并不是因为

它吃东西的方法,而是它身上的那盏"灯"。

萤火虫的发光器官长在它身体最后三节的地方。在前两节中的每一节下面发出光来，形成了宽宽的节形。而位于第三节的发光部位比前两节要小得多，只是有两个小小的点，发出的光亮可以从背面透射出来，因而在这个小昆虫的上面和下面都可以看得见光。

我们还能清楚地知道，萤火虫可以随意地将自己身上的光调亮一些，或者是调暗一些，或者是干脆熄灭它。

萤火虫总是发出亮光的，从生到死，甚至连它的卵和幼虫也是如此。就算是在土壤下面，它的小灯还是点着的，永远为自己留一盏希望的灯。

读后感悟

小小的萤火虫竟然是食肉动物，真是"人不可貌相"呀！所以，我们在分析事物的时候，不能只看表面。

bèi guǎn chóng de chái ké
被管虫的柴壳

当春天来临的时候，在破旧的墙壁和尘土飞
扬的大路上，或者在那些空旷的土地上，我们都
能够发现一种比较奇怪的小东西。那是一个小小
的柴束，不知道为什么，它竟能自己一跳一跳地向
前走动。

没有生命的东西怎么能够自己行动呢？这究
竟是怎么一回事？

如果我们靠近些仔细地看一看，很快就能解开
这个谜了。

原来在那些会动的柴束中，有一条特别好看的

毛虫。在它的身上装饰着白色和黑色的条纹。它就是柴把毛虫，属于被管虫一类。

被管虫的外衣中间粗，两头细，形状很像一个纺锤，大约有一寸半那么长。它主要的材料是那些光滑的、柔韧①的、富有木髓的小枝和小叶，其次则是那些草叶和柏树枝等，也有那些干叶的碎片和碎枝。

这种外衣有一个柔软的前部，可以使被管虫在里面自由地转来转去。里面全都是由坚韧的丝做成的，这种丝的韧性很强，人双手用力拉都不能把它拉断。

被管虫的这件精巧的外衣内外共有三层。第一层是极细的绫子，它可以和毛虫的皮肤直接接触；第二层是粉碎的木屑，用来保护衣服上的丝，并

①柔软而有韧性

使之坚韧；最后一层是小树枝做成的外壳。

被管虫的妈妈——雌蛾，它的样子简直是难看到了极点。它没有翅膀，什么都没有，在它背部的中央，连毛也没有，光秃秃、圆溜溜的。在它圆圆的有装饰的头上，戴有一顶灰白色的小帽子。在背部的中央，长着一个大大的、长方形的黑斑点——这便是它身体唯一的装饰物，母被管虫放弃了蛾类所有的美丽。

当它离开蛹壳的时候，就在里面产卵。雌蛾的卵产得很多，所以产卵的时间也很长，要经过三十多个小时。

产完卵后，雌蛾要将门关闭起来，使其免受外来的一些侵扰，它用它头上的那顶丝绒帽子，塞住门口，最后它还要拿自己的身体来做屏障。

经过一次激烈的震动以后，它死在了这个新屋的门前，留在那里慢慢地干掉。也就是说，它在死后还依然守住门口，保护着孩子。这位妈妈外表看起来丑陋不堪，但实际上它的内心、它的精神是非常伟大的。

这位细心的妈妈给它的孩子们准备的毛绒被软乎乎的，很舒服。小毛虫钻出卵以后，就睡在这张床上面休息一会儿，为到外面的世界中去工作作好准备。

小被管虫从孵化的袋里钻出来以后，精力逐渐充沛起来，就纷纷爬出来散布在壳上面。随后它们逐渐将自己打扮起来，这些小家伙把梳妆打扮这件事看得很重要呢。

它们从称作屋子的那种东西上取下材料给自己做衣服。这些材料都被弄成极其微小的圆球。它们把小圆球聚集起来，弄成一堆。毛虫从自己

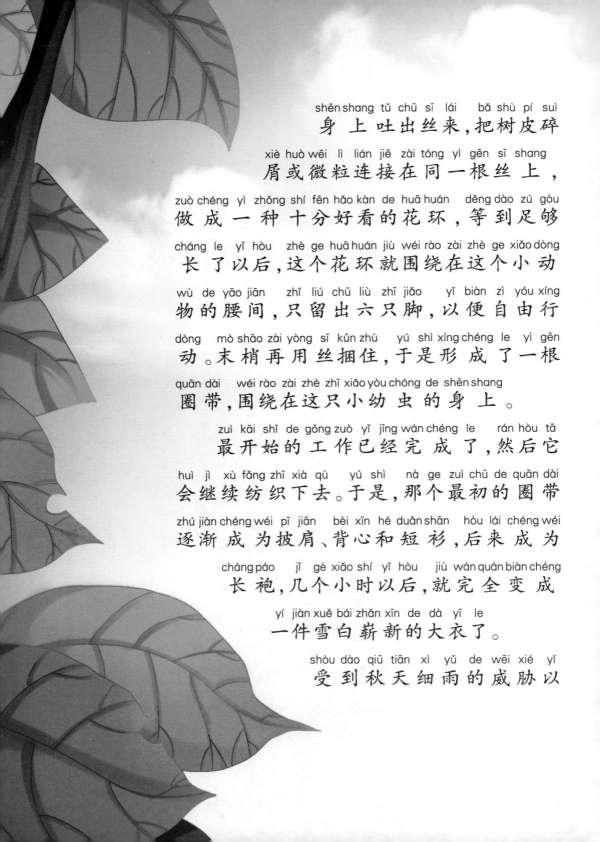

身上吐出丝来，把树皮碎

屑或微粒连接在同一根丝上，

做成一种十分好看的花环，等到足够

长了以后，这个花环就围绕在这个小动

物的腰间，只留出六只脚，以便自由行

动。末梢再用丝捆住，于是形成了一根

圈带，围绕在这只小幼虫的身上。

最开始的工作已经完成了，然后它

会继续纺织下去。于是，那个最初的圈带

逐渐成为披肩、背心和短衫，后来成为

长袍，几个小时以后，就完全变成

一件雪白崭新的大衣了。

受到秋天细雨的威胁以

后，它又开始做外层的柴壳。经过一段时间以后，碎叶渐渐加长。等到寒冷的气候来临的时候，保护自己温暖的外壳已经做好了，这样，它可以安心舒适地过自己的日子了。

不过，这件衣服内部的丝毡并不是很厚实，但能使它感到很舒服、很安逸。

等到春天来临以后，它可以利用闲暇的时间，加以改良，使它又厚又密，而且变得更加柔软。于是在春天来临的时候，我们又能看到那些小小的、神奇的柴束了。

读后感悟

被管虫的妈妈至死也要保护自己的孩子，真是让人感动。"可怜天下父母心"，昆虫的妈妈和我们人类的妈妈一样伟大。

ài chàng gē de chán
爱唱歌的蝉

yǒu zhè yàng yí gè yù yán gù shi
有这样一个寓言故事：

zhěng gè xià tiān chán bú zuò yì diǎn shì qing zhǐ shì zhōng rì chàng gē
整个夏天，蝉不做一点事情，只是终日唱歌，

ér mǎ yǐ zé máng yú chǔ cáng shí wù dōng tiān lái le chán è de shòu bù liǎo
而蚂蚁则忙于储藏食物。冬天来了，蝉饿得受不了

le zhǐ hǎo pǎo dào tā de lín jū nà lǐ jiè yì xiē liáng shi jié guǒ tā bèi jù
了，只好跑到它的邻居那里借一些粮食。结果它被拒

jué le mǎ yǐ hái fěng cì ① le tā yì fān
绝了，蚂蚁还讽刺①了它一番。

mǎ yǐ wèn dào nǐ xià tiān wèi shén me bù shōu jí yì diǎn er shí
蚂蚁问道："你夏天为什么不收集一点儿食

wù ne
物呢？"

chán huí dá dào xià tiān wǒ chàng gē tài máng le
蝉回答道："夏天我唱歌太忙了。"

nǐ máng yú chàng gē ma mǎ yǐ bú kè qi de huí dá hǎo a
"你忙于唱歌吗？"蚂蚁不客气地回答，"好啊，

①用比喻夸张等手法对人或对事进行揭露、批评或嘲笑

那么你现在可以跳舞了。"然后它就转身不理蝉了。

其实事实正好相反。蝉从不到蚂蚁门前乞讨，倒是蚂蚁会因为饥饿去乞求这位歌唱家。有时候蚂蚁竟然厚着脸皮去抢劫蝉呢。

七月，口渴的昆虫失望地在已经枯萎的花上跑来跑去寻找饮料时，蝉则依然很舒服，不觉得痛苦。它坐在树的枝头，不停地唱歌。只要用它突出的嘴——一个精巧的吸管，钻通柔滑的树皮，像插入装满汁液的杯子，就可以痛痛快快喝个饱了。

附近那些口渴的昆虫，发现了蝉的吸管里流出的浆汁，急忙跑去舔食。这些昆虫大都是黄蜂、苍蝇、玫瑰虫等，而最多的就是蚂蚁。

这些蚂蚁简直就是强盗。它们咬紧蝉的腿尖，拖住它的翅膀，爬上它的后背，甚至有凶恶的暴徒，竟抓住蝉的吸管，想把它拉掉。

最后，麻烦越来越多，这位歌唱家只好抛开自己用吸管打通的"井"，悄然逃走了。于是蚂蚁的目的达到，占有了这口"井"。不过这口"井"也干得很快，浆汁立刻被吃光了。于是它再找机会去抢夺别的"井"，以图第二次的痛饮。

蝉是从哪儿来的呢？如果你留意，每年刚到夏至，在有树有阳光的土路上，就会有好些圆孔，与地面相平，大小能放进人的手指肚儿，四边一点尘土都没有，也没有泥土堆积在外面。在这些圆孔中，蝉的幼虫从地底爬出来，在地面上变成完全的蝉。

蝉的幼虫初次出现在地面上时，常常在附近寻找合适的地方蜕皮——一棵小矮树，一丛百里香，一片野草叶，或者一枝灌木。找到后，它们就爬上去，用前足的爪紧紧地握住，丝毫不动。

蜕皮开始了，它外层的皮开始由背上裂开，里面露出淡绿色的蝉。头先出来，接着是吸管和前腿，最后是后腿与翅膀。此时，除掉身体的最后尖端，身体已完全蜕出了。全部的过程大约需要半个小时。

刚蜕完皮的蝉是绿色的，不是很强壮。它只能用前爪挂在已脱下的壳上，摇摆于微风中，依然很脆弱。直到身上的颜色渐渐变成棕色，才同平常的蝉一样。

蝉非常喜欢唱歌。它翼后的空腔里带有一种像钹①一样的乐器。它还不满足，还要在胸部安置一种响板，以增加声音的强度。无论在饮水还是行动时，它从未停止过大声唱歌。但是很不幸，尽管它如此喜欢音乐，如此爱唱歌，但对别人而言，它的歌声简直就是噪音。

①一种打击乐器

蝉有非常清晰的视觉。它的五只眼睛，会告诉它左右以及上方有什么事情发生，只要看到有谁跑来，它会立刻停止歌唱，悄然飞去。

但是蝉的听觉似乎不是很灵敏。就算你站在它的背后大声说话、用力拍手，它也根本没反应。有一次，我甚至在它的身边打枪，可它一点也没受影响，继续唱歌。

接下来我们说说蝉的卵吧。蝉

喜欢把卵产在干的细枝上，它用胸部尖利的工具，把细枝刺上一排小孔，它的卵就产在这些小孔里。每个小孔内，一般有十多个卵，一根细枝条上就约有三四百个卵呢。它之所以产这么多卵，是为了防御极小的又特别危险的蚋。

因为，每当蝉把卵装满一个小孔，刚刚移开，蚋立刻就到那里去，在蝉卵之上加刺一个孔，将自己的卵产进去。它们的卵以蝉卵为食，很快就代替了蝉的家族。

蝉卵的孵化，刚开始很像极小的鱼。等爬到树孔外，它立刻把皮蜕去。不久，它就落到地面上，这个弱小的动物，迫切需要藏身。天气越来越冷了，迟缓一些就有死亡的危险。它不得不四处寻找软土，最后，它寻找到适当的地点，用前足的钩子挖掘地面。几分钟后，土穴完成，这个小生物钻下去，埋藏了自己，此后就再也看不见了。

未长成的蝉在地下是如何生活的，至今还是个秘密。我们只知道它们在地下生活的时间大概是四年。此后，在日光中歌唱的时间还不到五个星期。四年黑暗的苦工，换来一个月日光中的享乐，这就是蝉的生活。

所以，我们不应厌恶它歌声中的烦吵、浮夸。因为它掘土四年，是为了穿起漂亮的衣服，长出了翅膀，在温暖的日光中沐浴着，它似乎是在用歌声歌颂它的快乐。

读后感悟

蝉用了四年的时间在地下准备，只为了可以尽情歌唱一个月。我们应该向它们学习，为了实现自己的目标，长时间坚持不懈地努力。

qí dǎo de táng láng
祈祷的螳螂

zài nán fāng yǒu yì zhǒng kūn chóng yǔ chán yí yàng hěn róng yì jiù yǐn qǐ
在南方有一种昆虫,与蝉一样,很容易就引起

rén de xìng qù dàn bù zěn me chū míng yīn wèi tā bù néng chàng gē
人的兴趣,但不怎么出名,因为它不能 唱歌。

hěn duō nián yǐ qián zài gǔ xī là shí qī zhè zhǒng kūn chóng jiào zuò xiān
很多年以前,在古希腊时期,这种昆虫叫作先

zhī zhě nóng fū men kàn jiàn tā bàn shēn zhí qǐ lì zài tài yáng zhuó shāo de qīng
知者。农夫们看见它半身直起,立在太阳灼烧的青

cǎo shang tài dù hěn zhuāng yán tā nà kuān kuò de qīng shā bān de báo yì tuō
草上,态度很 庄 严。它那宽阔的、轻纱般的薄翼拖

yè zhe qián tuǐ shēn xiàng bàn kōng hǎo xiàng shì zài qí dǎo zài quē shǎo zhī shi
曳着,前腿伸 向半空,好像是在祈祷。在缺少知识

de nóng fū kàn lái tā hǎo xiàng shì yí gè qián chéng de xìn tú suǒ yǐ hòu
的农夫看来,它好像是一个虔诚的信徒。所以后

lái jiù yǒu rén chēng hū tā wéi qí dǎo de táng láng
来,就有人 称 呼它为"祈祷的螳螂"。

zhè zhēn shì gè tiān dà de cuò wù táng láng nà zhǒng mào sì zhēn chéng de
这真是个天大的错误!螳螂那 种 貌似真 诚的

tài dù shì piàn rén de tā nà gāo jǔ zhe de shǒu bì qí shí shì zuì kě pà de
态度是骗人的。它那高举着的手臂,其实是最可怕的

利刃。无论什么东西经过它的身边，它便立刻原形毕露[1]，用它的凶器加以捕杀。它真是凶猛如饿虎，残忍如妖魔。而且它是专食活的动物的。看来，在它温柔的面纱下，隐藏着十分吓人的杀气。

螳螂天生就有着一副纤细而且优美的身材。但是，它的大腿下面生长着两排十分锋利的像锯齿一样的东西。在这两排尖利的锯齿后面，还生长着三个大齿。所以，螳螂的大腿简直就是两排刀口的锯齿。

而它小腿上的锯齿要比大腿上的多很多。小腿锯齿的末端还生长着尖而锐的硬钩子。除此以外，锯齿上还长着一把有着双面刃的刀。看来，螳螂就是一种拥有天使面孔、魔鬼心肠的动物。

在我到野外捕捉螳螂的时候，经常遭到这个小

①本来的面目完全暴露

dòng wù qiáng yǒu lì de huán jī zǒng shì
动物强有力的还击，总是

zhuō tā bù chéng fǎn guò lái dào bèi zhè
捉它不成，反过来倒被这

ge shí fēn lì hai de xiǎo dōng xi zhuā
个十分厉害的小东西抓

shāng le shǒu ér qiě tā zǒng shì láo
伤了手。而且，它总是牢

láo de zhuā zhù wǒ de shǒu bù qīng yì
牢地抓住我的手，不轻易

sōng kāi ràng wǒ wú fǎ bǎi tuō zhè ge
松开，让我无法摆脱。这个

shí hou wǒ zhǐ hǎo qǐng qiú bié rén qián lái
时候，我只好请求别人前来

xiāng zhù bāng wǒ bǎi tuō tā de jiū
相助，帮我摆脱它的纠

chán yào xiǎng huó zhuō zhè ge xiǎo dòng
缠。要想活捉这个小动

wù hái zhēn děi dòng yì fān
物，还真得动一番

nǎo jīn fèi yì fān zhōu
脑筋，费一番周

zhé ne
折呢！

我们来看看螳螂是如何捕食的吧。

那些爱掘地的黄蜂们是螳螂的美食之一。有一些刚从外面回家的黄蜂振翅飞来,有几只粗心大意,对早已埋伏在那的敌人毫无戒备。当突然发觉大敌当前时,它们猛地吓了一跳,心里会稍稍迟疑一下,飞行速度减慢了下来。

就在这千钧一发之际,螳螂迅速地用双锯有力地夹住了黄蜂。接下来,那个不幸的牺牲者就会被胜利者一口一口地吃掉,成了螳螂的一顿美餐。

然而,更让人难以相信的是,它们还经常吃自己的同类呢!也就是说,螳螂是会吃螳螂的,哪怕是自己的兄弟姐妹。而且,它在吃的时候,面不改色,心不跳,泰然自若。那副样子,简直和它吃黄蜂的时候一模一样,仿佛这是天经地义的事情。

雌螳螂甚至还有食用自己丈夫的习性。这真

ràng rén chī jīng　zài chī de shí hou　　tā　huì yǎo zhù zhàng fu de tóu jǐng　rán hòu
让人吃惊！在吃的时候，它会咬住 丈 夫的头颈，然后

yì kǒu yì kǒu de chī xià qù　zuì hòu　shèng yú xià lái de zhǐ shì xióng táng láng
一口一口地吃下去。最后，剩 余下来的只是雄 螳 螂

liǎng piàn báo báo de chì bǎng ér yǐ　duō me kǒng bù de xíng wéi ya　jiàn dào zhè
两片薄薄的翅膀而已。多么恐怖的行为呀，见到这

zhǒng chǎng jǐng　rén lèi dōu huì hài pà
种 场 景，人类都会害怕。

táng láng zhēn de shì　bǐ láng hái yào hěn dú shí bèi a　　yīn wèi　tīng shuō jí
螳 螂真的是比狼还要狠毒十倍啊！因为，听说即

shǐ shì láng　yě bù chī zì　jǐ de tóng lèi
使是狼，也不吃自己的同类。

táng láng zhēn de shì tài kě pà le
螳 螂真的是太可怕了！

读后感悟

　　看上去娴美、优雅的螳螂，竟然会泰然自若地吃掉自己的同类，真是太不可思议了。这就告诉我们：事物是有多面性的，要注意全面观察。

líng qiǎo de qiáo yè fēng
灵巧的樵叶蜂

rú guǒ nǐ zài yuán zi li màn bù　huì fā xiàn dīng xiāng huā huò méi gui huā
如果你在园子里漫步，会发现丁香花或玫瑰花

de yè zi shang　yǒu yì xiē jīng zhì de xiǎo dòng　zhè xiē xiǎo dòng yǒu yuán xíng
的叶子上，有一些精致的小洞。这些小洞有圆形

de　yě yǒu tuǒ yuán xíng de　hǎo xiàng shì bèi shéi yòng qiǎo miào de shǒu fǎ jiǎn guo
的，也有椭圆形的，好像是被谁用巧妙的手法剪过

le yì bān　yǒu xiē yè zi de dòng shí zài tài duō le　zuì hòu zhǐ shèng xià le
了一般。有些叶子的洞实在太多了，最后只剩下了

yè mài　zhè shì shéi gàn de ne　tā men wèi shén me yào zhè yàng zuò ne
叶脉。这是谁干的呢？它们为什么要这样做呢？

zhè xiē dōu shì qiáo yè fēng gàn de　tā men yòng zuǐ ba zuò jiǎn dāo　kào yǎn
这些都是樵叶蜂干的，它们用嘴巴作剪刀，靠眼

jing hé shēn tǐ de zhuàn dòng　jiǎn xià le xiǎo yè piàn　bìng bǎ zhè xǔ duō xiǎo yè
睛和身体的转动，剪下了小叶片，并把这许多小叶

piàn còu chéng yí gè gè zhēn gū xíng de xiǎo dài　yòng lái chǔ cáng mì zhī hé luǎn
片凑成一个个针箍形的小袋，用来储藏蜜汁和卵。

měi yí gè qiáo yè fēng de cháo dōu yǒu yì dá zhēn gū xíng de dài　nà xiē dài yí
每一个樵叶蜂的巢都有一打针箍形的袋，那些袋一

gè gè de chóng dié zài yì qǐ
个个地重叠在一起。

我们常看到的那种樵叶蜂是白色的，带着条纹。它常常寄居在蚯蚓的地道里。樵叶蜂并不会把地道作为自己的居所，因为地道的深处往往又阴暗又潮湿，而且不适合排泄废物，有时还会遭受其他昆虫的偷袭。所以它只会把靠近地面七八寸长的那段做自己的居所。

樵叶蜂一生中会碰到许多天敌，那地道毕竟不是一个安全坚固的防御工事①，它用什么办法来加强对自己家园的护卫呢？不用担心，它用剪下的许多零零碎碎的小叶片，把深处给堵塞了。

在樵叶蜂的防御工事之上大约有五六个小巢。这些小巢由樵叶蜂所剪的小叶片筑成，这些筑巢用的小叶片比那些用来做防御工事的碎片要求要高得多，它们必须是大小相当、形状整齐的碎

①保障军队发挥火力和隐蔽安全的建筑物

yè yuán xíng yè piàn yòng lái zuò cháo gài tuǒ yuán xíng yè
叶，圆形叶片用来做巢盖，椭圆形叶

piàn yòng lái zuò dǐ hé biān yuán
片用来做底和边缘。

qiáo yè fēng de xiǎo yè piàn dōu shì yòng tā nà bǎ xiǎo
樵叶蜂的小叶片，都是用它那把小

dāo zuǐ jiǎo jiǎn chéng de wèi le shì yìng cháo de gè
刀——嘴角剪成的。为了适应巢的各

bù fen de yāo qiú tā wǎng wǎng yòng zhè bǎ jiǎn dāo jiǎn chū
部分的要求，它往往用这把剪刀剪出

dà xiǎo bù tóng de xiǎo yè piàn duì yú cháo de dǐ bù tā
大小不同的小叶片。对于巢的底部，它

wǎng wǎng huì jīng xīn shè jì yì diǎn er yě bù mǎ hu rú
往往会精心设计，一点儿也不马虎。如

guǒ yì zhāng jiào dà de yè piàn bù néng wán quán wěn hé dì
果一张较大的叶片不能完全吻合地

dào jié miàn de huà tā huì yòng liǎng sān zhāng jiào xiǎo
道截面的话，它会用两三张较小

de tuǒ yuán de yè piàn còu chéng yí gè cháo
的椭圆的叶片凑成一个巢

dǐ yì zhí dào jǐn mì de yǔ dì
底，一直到紧密地与地

dào jié miàn wěn hé wéi zhǐ
道截面吻合为止，

绝不留一点空隙。

做巢盖子的是一张正圆形的叶片。它好像是用圆规精确绘制的，可以完美无缝地盖在小巢上。

一连串的小巢做成后，樵叶蜂就着手剪许多大小不等的叶片，搓成一个栓塞把地道塞好。

圆形的叶片不能剪得太大或太小，太大了盖不下，太小了会跌落在小巢内，把卵活活闷死。你不用担心，樵叶蜂可以很熟练地从叶子上剪下符合要求的叶片。它怎么能够剪下这么多精确的叶子呢？它有可以依照的模型吗？还是它有什么特殊仪器可以测量呢？事实上，樵叶蜂没有任何可以用来当模子用的工具。

有人推测，樵叶蜂的身体可以当作圆规来使用，一端固定住，即尾部固定在叶片某一点上；另一端，也就是它们的头部，像圆规的脚一样在叶片上转动。这样就可以剪下一个圆了。

在几何学问题上，樵叶蜂的确胜过我们。当我看到樵叶蜂的巢和盖子，再观察了其他昆虫在"科技"方面创造的奇迹——那些都不是我们的结构学所能解释的——我不得不承认我们的科学还远不及它们。

读后感悟

　　樵叶蜂不用任何工具就能在树叶上剪下大小相同的圆，真了不起。自然界有很多这样神奇的事等待我们去发现，好好学习，努力探索这个世界吧。

qín láo de shě yāo fēng
勤劳的舍腰蜂

hěn duō zhǒng kūn chóng dōu fēi cháng xǐ huan hé rén lèi zuò lín jū　bǎ cháo
很多种昆虫都非常喜欢和人类做邻居,把巢

xué jiàn zài wǒ men de wū zi páng biān　zhè xiē kūn chóng zhōng zuì néng gòu yǐn qǐ
穴建在我们的屋子旁边。这些昆虫中最能够引起

rén men xìng qù de　shì yì zhǒng jiào shě yāo fēng de xiǎo dòng wù　wèi shén me
人们兴趣的,是一种叫舍腰蜂的小动物。为什么

ne　nà shì yīn wèi shě yāo fēng yǒu zhe xiān xì dòng rén de wán měi shēn cái hé cōng
呢?那是因为舍腰蜂有着纤细动人的完美身材和聪

míng mǐn jié de tóu nǎo　zuì zhòng yào de shì tā men de cháo xué shí fēn gǔ guài
明敏捷的头脑,最重要的是它们的巢穴十分古怪。

dàn shì　zhī dào shě yāo fēng zhè zhǒng xiǎo kūn chóng de rén shì hěn shǎo de
但是,知道舍腰蜂这种小昆虫的人是很少的。

shèn zhì yǒu de shí hou　tā men zhù zài mǒu yì jiā rén de huǒ lú páng biān　dàn
甚至有的时候,它们住在某一家人的火炉旁边,但

shì　zhè hù rén jiā dōu duì zhè ge xiǎo lín jū yì wú suǒ zhī ❶　wèi shén me ne
是,这户人家都对这个小邻居一无所知❶。为什么呢?

zhǔ yào shì yóu yú tā yǒu zhe ān jìng ér qiě píng hé de běn xìng
主要是由于它有着安静而且平和的本性。

❶什么也不知道

现在，就让我来介绍一下这个谦逊①的、默默无闻的小动物吧！

舍腰蜂也叫泥水匠蜂，它是一种奇妙的小东西，身体中间的部分非常瘦小，但是后部非常肥大，而这两个部分之间，竟然是由一根长线连接起来的。

舍腰蜂非常怕冷，所以它会选择一个温暖的地点来安家。锅、炉灶，也就很自然地成了这小家伙最理想的安家之处了。同时，在花房里，在厨房的天花板上，窗户凹进去的地方，甚至卧室的墙上等，只要是温暖、安逸、舒适的地方，它们都可以安家落户。

在七八月的大暑天里，这位小客人出现了。它在找寻着适合安家的地点，它用那尖锐的目光或者灵

①不自大、不虚夸；谦虚，不高傲

敏十足的触须,视察一下已经变得乌黑的天花板、木缝、烟筒等。

它从不轻易放过的地方就是火炉的旁边。它连烟筒内部都要仔仔细细地视察一遍。一旦视察工作完毕,并且决定了安家地点以后,它便立即飞走了。很快就会带着少量的泥土又飞回来,开始建筑它的房子的底层了。筑造家园的工作便正式开始了。

要想到达它的施工工地,泥水匠蜂往往要从浓厚的烟灰的云雾中穿越过去。那层烟幕太厚重了,舍腰蜂冲进去以后,就完全看不见它那小小的身影了。

虽然我们看不见它那小小的躯体,但是能够听见一阵不太规则的呜呜的声音。这是它在一边工作,一边低唱的歌声。听到这歌声,我们就可以断定,舍腰蜂就在里面,而且它很快乐,对自己的劳动

hěn mǎn yì
很满意。

zài zhè céng hòu hòu de yún wù li   tā bù cí láo kǔ ①   de jiàn zhù zhe zì
在这层厚厚的云雾里，它不辞劳苦①地建筑着自

jǐ de zhù suǒ
己的住所。

yào jiàn zhù yí gè jiē shi de ní shuǐ fáng zi   hé biān de nián tǔ shì zuì hé
要建筑一个结实的泥水房子，河边的黏土是最合

shì de xuǎn zé   ní shuǐ jiàng fēng yòng xià ba guā qǐ shī ní   yòng bù liǎo duō
适的选择。泥水匠蜂用下巴刮起湿泥，用不了多

cháng shí jiān   tā jiù huì zuò chéng chà bu duō yǒu wān dòu nà me dà de ní qiú
长时间，它就会做成差不多有豌豆那么大的泥球。

rán hòu   ní shuǐ jiàng fēng huì yòng yá chǐ bǎ ní qiú xián zhù   fēi huí qù   zài tā
然后，泥水匠蜂会用牙齿把泥球衔住，飞回去，在它

①形容人不怕吃苦，毅力强

自己的建筑物上再增加一层。

这项工作完成以后，它歇也不歇一下，便继续投入新的工作之中，飞回来接着做第二个泥球。在一天中，天气最为炎热的时候，只要那片泥土未干，仍然是潮湿的，泥水匠蜂的工作就会不停地坚持下去。

舍腰蜂的泥水房子确实具有一种非常自然的美感，它是由很多小房子组成的。那些小房子并列成一排，那种形状有一点儿像口琴。小房子的形状和一个圆筒子差不多。它的口稍微有点儿大，底部稍小一些。

这些小房子一一建造好了以后，舍腰蜂便往里面塞满了蜘蛛。等它们产下卵以后，便把小房子全部封闭好。

这种工作一直要保持到泥水匠蜂认为巢穴的

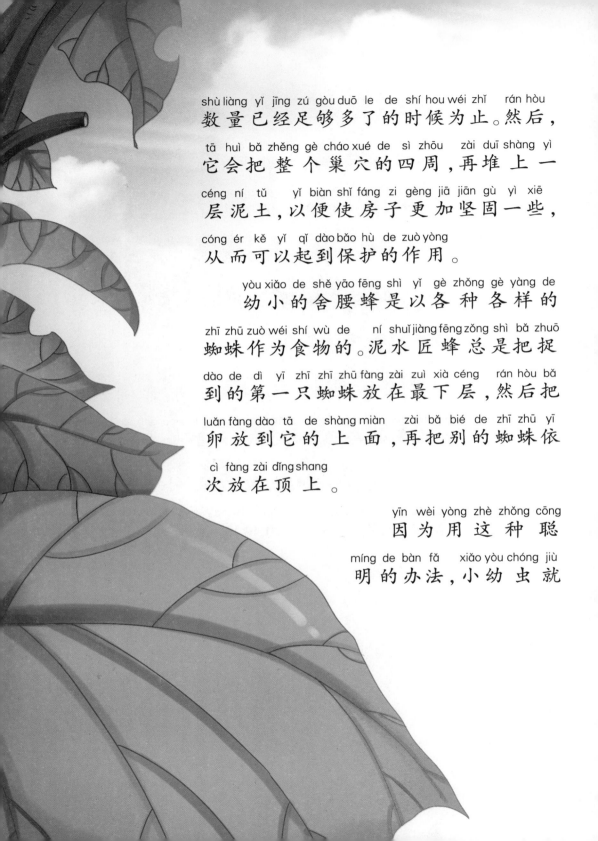

shù liàng yǐ jīng zú gòu duō le de shí hou wéi zhǐ　rán hòu
数量已经足够多了的时候为止。然后,

tā huì bǎ zhěng gè cháo xué de sì zhōu　zài duī shàng yì
它会把整个巢穴的四周,再堆上一

céng ní tǔ　yǐ biàn shǐ fáng zi gèng jiā jiān gù yì xiē
层泥土,以便使房子更加坚固一些,

cóng ér kě yǐ qǐ dào bǎo hù de zuò yòng
从而可以起到保护的作用。

yòu xiǎo de shě yāo fēng shì yǐ gè zhǒng gè yàng de
幼小的舍腰蜂是以各种各样的

zhī zhū zuò wéi shí wù de　ní shuǐ jiàng fēng zǒng shì bǎ zhuō
蜘蛛作为食物的。泥水匠蜂总是把捉

dào de dì yī zhī zhī zhū fàng zài zuì xià céng　rán hòu bǎ
到的第一只蜘蛛放在最下层,然后把

luǎn fàng dào tā de shàng miàn　zài bǎ bié de zhī zhū yī
卵放到它的上面,再把别的蜘蛛依

cì fàng zài dǐng shang
次放在顶上。

yīn wèi yòng zhè zhǒng cōng
因为用这种聪

míng de bàn fǎ　xiǎo yòu chóng jiù
明的办法,小幼虫就

能先吃掉那些比较陈旧的死蜘蛛，然后再吃掉那些比较新鲜的。这样一来，房子里面储藏的食物也就没有时间变坏了。

很多研究证明，舍腰蜂是从非洲来的。很久以前，它们经过了西班牙，又经过了意大利，最后来到了法国，它们千里迢迢①，不辞辛劳。它们从地球的南边——非洲，来到地球的北边——欧洲，最后还飞到了马来群岛。它们的嗜好都是一个样的：蜘蛛、泥巢，还有人类的屋顶。

读后感悟

舍腰蜂不怕辛苦，一次又一次从河边衔来泥球，才做成了坚实美观的房子。一分耕耘，一分收获，只有努力付出，我们才能得到想要的结果。

①形容路途遥远

细心的西班牙犀头

除了蜣螂，我还观察过一种清道的甲虫，在它的日常工作中，它完全不熟悉做球这种工作。

可是，到了产卵期，它突然改变了以往的习惯，将自己储存的所有食物都通通做成圆圆的一个团。

这一点表明这不仅仅是习惯而已，而是真的关心它的幼虫，因而选择圆形的球作为它的巢。

如今，在我的住所附近，就有这样一种甲虫。它是甲虫中最漂亮、个子最大的，虽然不如蜣螂那么魁梧，它就是西班牙犀头。

它最显著、最特别的地方，就是胸部和头上都长着角。

这种甲虫是圆的，身体很短，它的腿又短又笨，非常不适合搓捏圆球。稍有一点点惊扰，它的腿就本能地蜷缩在自己的身体下面。

它们那种发育不全的形象，表明它们不擅长挖掘。

犀头的性格很不活泼。它寻找到食物后，不会像蜣螂那样向别处搬运，而是就近挖开一个洞穴。在这里，它逐渐堆下刚才找来的食物，至少一直要堆积到洞穴的门口。

它把大量的食物都胡乱地堆积成一大堆，这足以证明犀头的贪吃和馋嘴了。食物能够吃多长时间，它自身也就在这地底下待多长时间，一直待到吃完所存的食物为止。吃完食物它又重新跑出来，再去寻找新鲜的食物，然后再另挖掘一个洞穴，重复它那种存了吃，吃了再出来找的周期性运动。

到了五六月，产卵的时候到了，这个昆虫则摇身一变，变得非常擅长于选择最柔软的材料，选择最舒适的环境，为它顺利产卵营造一个良好的环境。

犀头开始为它的家族寻找食物，只要在一个地方找到，如果它认为是最好的，就立刻把这些食物埋在地下。它从不旅行，从不搬运，从不做任何添加配制工作，也从不进行再加工。

接着它要挖掘更大的洞穴，而且建筑得也比较精细，面积比它自己临时储藏食物的洞穴大得多。这是一个很大的厅堂，也是一个很大的仓库。在一个角上，找个圆孔，从这里一直通往倾斜的走廊，这个走廊一直通到地面上。

这个房子——昆虫的别墅——是用新鲜的泥土

掘成的一个大洞，它的墙壁都被很认真地装饰过。这只昆虫用尽自己所有的掘地力量，做了一个永久的家。在这个家的建设过程中，犀头爸爸会来帮忙，但建成之后，就完成了使命，离开这里。

这位犀头妈妈，不辞辛苦地一次一次地带去很多很多的材料，收集在一起并搓成一个大团。它不断地敲打、揉拧，使这个大团变得坚固而且平坦。

它从大块上随意割下小小的一块来，然后很庄严、很郑重①地在不成形的一块食物上爬上爬下，耐心地一再触摸，最后经过二十四小时以上的工作，终于使有棱有角的东西变圆了。最后它终于满意了，它爬到圆顶上面，慢慢地压出一个浅浅的孔穴来，然后就在这个盆样的孔穴里产下一个卵。

---

①严肃，认真

之后，犀头非常精细地把这个盒子的边缘合拢起来，以遮盖它产下的那个卵，再把边缘挤到顶上，使之略略尖细而突出。最后，这个球就做成椭圆形的了。

接着开始做第二个、第三个乃至第四个。它的洞穴中隐藏着三四个蛋形的球，一个紧靠着一个，细小的一端全都朝着上面。

然后它就在那里一动不动地守着，自打它钻入地下以后，为了看守这几个为子女建筑下的摇篮，它一点食物也没有吃过。它从这一个跑到那一个，再从那一个跑到另一个，看看它们，听听它们，唯恐它们有什么闪失，受到了什么外来的侵害。

只要有细微的破裂，它立刻就会跑过去，赶紧修补一下，唯恐空气会透进去，使它的卵干掉。有时候它实在困了，也会在卵旁边睡上一小会儿，但决不

会高枕无忧地睡上一大觉。

就像人类的母亲照顾自己的婴儿一样，犀头把宝宝们照顾得无微不至①。真是一个好母亲！

四个月过去了，秋雨终于下来了，地上积了很深的水。石楠开出了红色钟形的花朵，海葱绽放穗状的花朵，小犀头也裂开外层的包壳，跑到地面上来，享受一下一年来最后几天的好天气。

刚刚从卵里出来的犀头家族新成员，与它们的母亲一起，逐渐地来到地面。小犀头大概有三四个，最多的是五个。公犀头生有比较长的角，母犀头则与母亲很难分辨。

小犀头长大后，就会离开母亲独立生活。它们彼此之间也就不再相互照应了。

①形容关怀、照顾得非常细心周到

liǎng zhǒng xī qí de zhà měng
两种稀奇的蚱蜢

ēn bù shā shì yì zhǒng tè shū de zhà měng tā de yòu chóng shì wǒ men
恩布沙是一种特殊的蚱蜢，它的幼虫是我们

zhè lǐ zuì guài de dòng wù tā shì yì zhǒng xíng zhuàng xì cháng qí xíng guài
这里最怪的动物。它是一种形状细长、奇形怪

zhuàng de kūn chóng wǒ jiā zhōu wéi de xiǎo hái kàn le zhè zhǒng qí guài de kūn
状的昆虫。我家周围的小孩看了这种奇怪的昆

chóng yǐ hòu dōu jué de tā hé mó guǐ yāo guài xiāng guān yú shì jiù jiào tā
虫以后都觉得它和魔鬼、妖怪相关，于是就叫它

xiǎo guǐ
"小鬼"。

wǒ yào jìn wǒ suǒ néng gào su nǐ men ēn bù shā kàn qǐ lái xiàng shén me
我要尽我所能告诉你们，恩布沙看起来像什么

yàng zi tā de wěi bù cháng cháng xiàng bèi shang juǎn qǐ wān qū chéng yí gè
样子。它的尾部常常向背上卷起，弯曲成一个

gōu de xíng zhuàng gōu de shàng miàn pū zhe xǔ duō yè zhuàng de lín piàn pái liè
钩的形状。钩的上面铺着许多叶状的鳞片，排列

chéng sān háng
成三行。

zhè ge gōu jià zài sì zhī xì cháng rú gāo qiāo de tuǐ shang měi tiáo tuǐ de
这个钩架在四只细长如高跷的腿上，每条腿的

大、小腿连接之处，有一个弯的、突出的刀片，这个刀片与屠夫切肉的刀片很相似。

它的头部非常怪异。头部有尖尖的面孔，长而卷曲的胡须，巨大而且突出的眼睛，在它们中间还有像短剑一样的嘴。在它的前额上有一种高高的像和尚帽子一样的东西，向前突出，向左右分开，形成尖起的翅膀。

恩布沙小的时候是灰色的，长大以后，就会有灰绿、白与粉红的条纹。成年的恩布沙外貌和螳螂长得很像，但它头上的帽子一直都在。

如果你在丛林中遇见恩布沙，它的头部会向着你不停地摇摆，它转动帽子，凝视着你的眉头。但是，如果你想要捉到它，它高举的胸部就会低下去，快速地逃走。

我喂给它一只活的苍蝇，这只恩布沙立即就把它当成佳肴。不过这种昆虫，在冬天的几个月里，完全是断食的。到了春天，才又开始吃少量的米蝶和蝗虫。

恩布沙小时候要是被关进笼子里，就会有一种非常特殊的习性。它会用那四只爪子，紧握着铁丝倒悬着，背部向下，整个身体就挂在那四个点上。往后无论是捕猎、吃食、消化、睡眠等，都可以以这个姿势完成，直至最后死亡。不过，野外的恩布沙并不是这样的。在草地上见到的恩布沙大多都是背脊向上的，而不是倒悬着的。

恩布沙和邻居们和平友好，互利相处。它从不和邻居们争斗，也从不用吊死鬼的形状去恐吓外来者。

蠢斯也是一种蚱蜢，但是和恩布沙非常不同。在我家周围发现的蠢斯是白面孔的，它们在声音或者色彩上都算得上是蚱蜢类中的佼佼者。它有一个灰色的身体，一对强有力的大腮，以及宽阔的象牙色的面孔。

它是善于啃咬的昆虫。它那两颊突出的大型肌肉，就是用来切碎捕捉到的硬皮猎物的。

它尤其爱吃蝗虫，所以这类蠢斯多一些，对于农业有一定的益处。

白面蠢斯产卵非常奇特。它把产下的卵像植

物种子一般种植在土壤里。螽斯的尾部有一种器官，可以帮助它在土面上掘下一个小小的洞穴，在这个洞穴内，产下若干个卵，然后再把洞穴盖好，将上面的土弄平整。

把卵埋在地下就可以免受雨雪的侵扰了。在这温暖舒适的环境下，土里的卵一点一点地胀大、裂开。新生的小螽斯，长着一对很长的触须，这些触须细得如同发丝一般。它身后有两条十分奇异的腿——像两条支撑杆，只能用来蹦跳，走路很不

fāng biàn
方便。

zhè ge yòu xiǎo de zhōng sī tā hái shì huī sè de dàn shì dì èr tiān jiù
这个幼小的螽斯，它还是灰色的，但是第二天就

biàn hēi le tóng fā yù wán quán de zhōng sī bǐ jiào qǐ lái jiǎn zhí jiù shì yí gè
变黑了，同发育完全的螽斯比较起来简直就是一个

hēi rén le bú guò tā chéng shú shí de xiàng yá miàn kǒng shì tiān shēng de
黑人了。不过它成熟时的象牙面孔是天生的。

zhè ge yǒu bái tiáo wén de jiā huo zài wǒ gěi tā de wō jù cài yè shang
这个有白条纹的家伙，在我给它的莴苣菜叶上

kěn yǎo zài wǒ gěi tā jū zhù de lóng zi li tiào yuè zhe wǒ kě yǐ hěn róng yì
啃咬，在我给它居住的笼子里跳跃着，我可以很容易

de huàn yǎng tā hòu lái wǒ huī fù le tā de zì yóu yǐ bào dá tā jiāo gěi
地豢养① 它。后来我恢复了它的自由，以报答它教给

wǒ nà xiē zhī shi
我那些知识。

读后感悟

　　笼子里的恩布沙一直保持倒悬的姿势，野外的恩布沙却并不会这样，可见环境对生物影响很大。我们要热爱环境，保护生物共有的家园。

①喂养，驯养

　　jū zhù zài cǎo dì lǐ de xī shuài　chà bu duō hé chán yí yàng yǒu míng
　　居住在草地里的蟋蟀，差不多和蝉一样有名

qì　yīn wèi tā chū sè de gē chàng cái huá hé shū shì de zhù suǒ　zài gè zhǒng
气，因为它出色的歌唱才华和舒适的住所。在各种

gè yàng de kūn chóng zhī zhōng　zhǐ yǒu xī shuài de jiā shì wèi le ān quán hé wēn
各样的昆虫之中，只有蟋蟀的家是为了安全和温

xīn ér jiàn zào de
馨而建造的。

　　zài xuǎn zé zhù suǒ shí　tā zǒng shì fēi cháng shèn zhòng de wèi zì jǐ xuǎn
　　在选择住所时，它总是非常慎重地为自己选

zé nà xiē pái shuǐ tiáo jiàn yōu liáng　bìng qiě yǒu chōng zú ér wēn nuǎn de yáng guāng
择那些排水条件优良，并且有充足而温暖的阳光

zhào shè de dì fang　xī shuài yāo qiú bié shù měi yì diǎn dōu bì xū shì zì jǐ qīn
照射的地方。蟋蟀要求别墅每一点都必须是自己亲

shǒu wā jué ér chéng de　cóng tā de dà tīng yì zhí dào wò shì　wú yī lì wài
手挖掘而成的，从它的大厅一直到卧室，无一例外。

　　xī shuài de jiā shì yí gè ān quán kě kào de duǒ bì yǐn cáng de chǎng
　　蟋蟀的家是一个安全可靠的躲避隐藏的场

suǒ　yōng yǒu xiǎng shòu bú jìn de shū shì gǎn　tóng shí　zài tā zì jǐ de jiā de
所，拥有享受不尽的舒适感；同时，在它自己的家的附近地区，谁都不可能居住下来，成为它的邻居。

在青青的草丛之中，会隐藏着一个不为人知的有一定倾斜度的隧道。在这里，即便是下了一场滂沱①暴雨，也会立刻就干了。这个隐蔽的隧道，最多不过九寸深，宽度也就像人的一个手指头那样。隧道按照地形的情况和性质，或是弯曲，或是垂直。

几乎总会有一片草把这间房子半遮掩起来，把进出洞穴的孔道遮蔽在黑暗之中。这就是蟋蟀的家门口。蟋蟀在出来吃周围的青草的时候，决不会去碰一下这一片草。那微斜的门口，打扫得很干净，收拾得很宽敞。这里就是它们的平台，每当四周很宁静的时候，蟋蟀就会悠闲自在地聚集在这里，开始弹奏它们的四弦提琴，进行幸福的大合唱。

蟋蟀的"乐器"是一只弓，弓上有一只钩子，

①形容雨下得很大

以及一种振动膜。右翼鞘遮盖着左翼鞘，两个翼鞘的构造是完全一样的，它们分别平铺在蟋蟀的身上。

蟋蟀是在自家的门口唱歌的，在温暖的阳光下面，翼鞘发出"克利克利"的柔和的振动声，音调圆润，非常响亮、非常动听。

我们这里的孩子们有着一种嗜好，非常喜欢养蟋蟀。他们把蟋蟀养在笼子里，每天给它们莴苣叶子吃。至于在城里，蟋蟀更成了孩子们的珍贵财产。

这种昆虫在主人那里受到各种恩宠，享受到各种美味佳肴。同时，它们也以自己特有的方式来回报好心的主人，为他们不时地唱起乡下的快乐之歌。

读后感悟

蟋蟀真是种乐观的昆虫，随时都在唱歌，即使被孩子抓住，依然会唱起快乐之歌。我们也要培养这种乐观的态度，面对生活中的困难。

yǒng gǎn de bǔ yíng fēng
勇 敢 的 捕 蝇 蜂

bǔ yíng fēng yīn wèi xǐ huan bǔ zhuō cāng ying wéi shí wù ér dé míng
捕 蝇 蜂 因 为 喜 欢 捕 捉 苍 蝇 为 食 物 而 得 名。

yào guān chá dào bǔ yíng fēng xí jī cāng ying kě bú shì jiàn róng yì de shì
要 观 察 到 捕 蝇 蜂 袭 击 苍 蝇 可 不 是 件 容 易 的 事。

yīn wèi tā zǒng shì zài lí cháo hěn yuǎn de dì fang bǔ zhuō kě shì tà pò tiě
因 为 它 总 是 在 离 巢 很 远 的 地 方 捕 捉。可 是 "踏 破 铁

xié wú mì chù dé lái quán bú fèi gōng fu yǒu yí cì wǒ jiù zài wú yì zhī
鞋 无 觅 处,得 来 全 不 费 功 夫",有 一 次,我 就 在 无 意 之

zhōng kàn dào le zhè jīng cǎi de yí mù dà bǎo le yǎn fú
中 看 到 了 这 精 彩 的 一 幕,大 饱 了 眼 福。

nà tiān wǒ zhāng zhe sǎn zuò zài liè rì xià xiū xi gè zhǒng mǎ yíng yě fēi
那 天 我 张 着 伞 坐 在 烈 日 下 休 息,各 种 马 蝇 也 飞

jìn wǒ de sǎn xià chéng liáng tā men píng jìng de xiē zài zhāng zhe de sǎn dǐng
进 我 的 伞 下 乘 凉。它 们 平 静 地 歇 在 张 着 的 伞 顶

shang wǒ zài sǎn xià xīn shǎng zhe tā men dà dà de jīn sè yǎn jing lái xiāo mó ①
上。我 在 伞 下 欣 赏 着 它 们 大 大 的 金 色 眼 睛 来 消 磨

shí jiān nà xiē yǎn jing zài wǒ de sǎn xià shǎn shǎn fā guāng hǎo xiàng yì kē kē
时 间。那 些 眼 睛 在 我 的 伞 下 闪 闪 发 光,好 像 一 颗 颗

①没有具体任务地度过时间

bǎo shí
宝石。

tū rán   bāng de yì shēng
突然，"梆"的一声，

zhāng zhe de sǎn hū rán xiàng pí gǔ shì de bèi jī
张着的伞忽然像皮鼓似的被击

le yí xià   jiē zhe   bāng   bāng   bāng yì shēng yòu yì shēng de
了一下。接着，"梆——梆——梆"一声又一声地

chuán lái   wǒ tái tóu wǎng sǎn dǐng yí wàng yuán lái shì fù jìn de bǔ yíng fēng
传来。我抬头往伞顶一望，原来是附近的捕蝇蜂

fā xiàn wǒ zhè lǐ yǒu xǔ duō féi měi de shí wù dōu fēi guò lái bǔ liè
发现我这里有许多肥美的食物，都飞过来捕猎。

měi gé shí wǔ fēn zhōng zuǒ
每隔十五分钟左

yòu   jiù yǒu yì zhī bǔ yíng fēng fēi
右，就有一只捕蝇蜂飞

jìn lái   zhí xiàng sǎn dǐng chōng
进来，直向伞顶冲

qù   fā chū yì shēng zhòng jī
去，发出一声重击。

yú shì   zhàn zhēng   jiù zài sǎn
于是"战争"就在伞

dǐng shang zhǎn kāi le
顶上展开了。

nà shì duō me jīng cǎi hé jǐn
那是多么精彩和紧

张啊！它们打得难分难解，使你辨不清谁是袭击者，谁是自卫者。不一会儿，捕蝇蜂就用双腿夹着它的俘虏飞走了。

现在，让我来观察这只带着战利品回去的捕蝇蜂吧。当它接近自己家的时候，突然发出一种尖锐的嗡嗡声，听起来颇有点凄凉的意味，好像十分不安。这声音一直持续着，直到它降落到地面上为止。它先在上空盘旋了一会儿，然后又小心翼翼地降落，如果它那敏锐的眼睛发现了一些什么不正常的情形，就会降低下落的速度，在上面盘旋几秒钟，飞上去又飞下来，然后像一支箭一般地飞出去了。

不一会儿，它又回来了。这次它先在高处巡视一遍，然后慢慢降落到地上某一点——这一点在我看来实在没什么特别之处。

我想它大概是随便降落在这一点上的,降落之后,它还得慢慢地寻找自己巢的入口。可是后来我发现自己又低估了捕蝇蜂。它不偏不倚①地降落在自己的巢上。它把前面的沙扒开一些,再用头一顶,便顺利地拖着它的猎物进巢了。等进去后,旁边的沙粒立刻又堆上洞口把洞堵住。这和我从前所看到的无数次捕蝇蜂回巢的情形一样。

我常常惊异于蜂类为什么可以准确无误地找到它的巢的入口,虽然那入口处和旁边的地方完全一样,没有任何可以辨识的记号。

读后感悟

捕蝇蜂勇敢地与马蝇作战,捉了一只又一只战利品。在敌人面前,只有勇敢地战斗才能赢得胜利。学习也一样,遇到难题要迎难而上,才能学到更多知识。

①不偏不歪,正中目标

měi lì de kǒng què é
美丽的孔雀蛾

kǒng què é fēi cháng piào liang tā men zhōng gè tóu zuì dà de lái zì ōu
孔雀蛾非常漂亮。它们中个头最大的来自欧

zhōu quán shēn pī zhe hóng zōng sè de róng máo bó zi shang yǒu yí gè bái sè
洲，全身披着红棕色的绒毛，脖子上有一个白色

de lǐng jié chì bǎng shang sǎ zhe huī sè hé hè sè de xiǎo diǎn er
的领结，翅膀上撒着灰色和褐色的小点儿。

héng guàn chì bǎng zhōng jiān de shì yì tiáo dàn dàn de jù chǐ xíng de xiàn
横贯翅膀中间的是一条淡淡的锯齿形的线，

chì bǎng zhōu wéi yǒu yì quān huī bái sè de biān zhōng yāng yǒu yí gè dà yǎn jing
翅膀周围有一圈灰白色的边，中央有一个大眼睛，

yǒu hēi de fā liàng de tóng kǒng hé yóu hēi sè bái sè lì sè yǐ jí zǐ sè de
有黑得发亮的瞳孔和由黑色、白色、栗色以及紫色的

hú xíng xiàn xiāng chéng de yǎn lián
弧形线镶成的眼帘。

zhè zhǒng é de yòu chóng yě jí wéi piào liang tā men de shēn tǐ yǐ huáng
这种蛾的幼虫也极为漂亮。它们的身体以黄

sè wéi dǐ sè shàng miàn qiàn zhe xǔ duō lán sè de zhū zi tā men kào chī shù
色为底色，上面嵌着许多蓝色的珠子。它们靠吃树

yè wéi shēng
叶为生。

五月的一个早晨，在我的昆虫实验室里的桌子上，我看着一只雌的孔雀蛾从茧子里钻出来。我马上把它罩在一个金属丝做的钟罩里。

在晚上九点钟左右，当大家都准备上床睡觉的时候，隔壁的房间里突然发出很大的声响。我赶紧跑进去一看，发现房间里飞满了大蛾子，它们拍打着翅膀在天花板下面翱翔①。孔雀蛾们已经占据了我家里的每一部分，惊动了家里的每一个人。

我们点着蜡烛走进书房，书房的一扇窗开着。我们看到了难忘的一幕：那些大蛾子轻轻地拍着翅膀，绕着那钟罩飞来飞去。它们一会儿飞上，一会儿飞下；一会儿飞出去，一会儿又飞回来；一会儿冲到天花板上，一会儿又俯冲下来。它们向蜡烛扑来，用翅膀把它扑灭。它们还停在我们的肩上，扯

①在天空中任意飞翔

我们的衣服，咬我们的脸。小保罗紧紧地握着我的
手，努力保持镇定。

一共有多少只蛾子呢？这个房间里大约有二十
只，加上别的房间里的，至少在四十只以上。

四十个情人来向这位那天早晨才出
生的新娘致敬——这位关
在象牙塔里的公主！

在那一个星期里，每天晚上这些蛾子总要来朝见它们美丽的公主。那时候正是暴风雨的季节。

在恶劣的天气条件下，连那凶狠强壮的猫头鹰都不敢轻易离开巢，孔雀蛾却敢飞出来，而且不受树枝的阻挡，顺利到达目的地。它们是那样的无畏，那样的执着！到达目的地的时候，它们没有被树枝刮伤，哪怕是细微的小伤口也没有。这个黑夜对它们来说，如同大白天一般。

孔雀蛾一生中唯一的目的就是寻找配偶。为了这个目标，它们继承了一种很特别的天赋[1]：不管路途多么远，路上怎样黑暗，途中有多少障碍，它总能找到它的对象。

在它们的一生中，它们大概有两三个晚上可以每晚花费几个小时去寻找它们的对象。如果在这期间它们找不到对象，它们的一生也将就此结束。

孔雀蛾不懂得吃，当许多别的蛾成群结队地在花园里飞来飞去吮吸蜜汁的时候，它从不会想到吃东西这回事。这样，它的寿命当然是不会长的了，只不过是两三天的时间，只来得及找一个伴侣而已。

读后感悟

孔雀蛾只有两三天的生命，它们不吃不喝，只来得及找一个伴侣。和它们短暂的生命相比，我们的时间要长许多，我们要珍惜这些时间，做一些有意义的事情。

---

①天分，成长之前就已经具备的特性

zhǎo kū lù jūn de jiǎ chóng
找枯露菌的甲虫

yǒu yì zhǒng měi lì de jiǎ chóng shēn tǐ xiǎo xiǎo de hēi hēi de yǒu
有一种美丽的甲虫，身体小小的、黑黑的，有

yí gè yuán yuán de bái róng dù pí xiàng yí lì yīng tao de hé měi dāng tā yòng
一个圆圆的白绒肚皮，像一粒樱桃的核。每当它用

chì bǎng de biān yuán cā zhe dù zi de shí hou jiù huì fā chū yì zhǒng qīng róu de
翅膀的边缘擦着肚子的时候，就会发出一种轻柔的

jī jī shēng jiù xiàng xiǎo niǎo kàn jiàn mǔ qīn dài zhe shí wù huí lái shí suǒ fā
"唧唧"声，就像小鸟看见母亲带着食物回来时所发

chū de shēng yīn yí yàng xióng de jiǎ chóng tóu shang hái zhǎng zhe yí gè měi lì
出的声音一样。雄的甲虫头上还长着一个美丽

de jiǎo
的角。

wǒ shì zài yí gè zhǎng mǎn mó gu de sōng shù lín li fā xiàn zhè zhǒng jiǎ
我是在一个长满蘑菇的松树林里发现这种甲

chóng de nà shì yí gè měi lì de dì fang zài qiū jì qì hòu wēn hé de rì
虫的。那是一个美丽的地方，在秋季气候温和的日

zi li wǒ men quán jiā dōu xǐ huan dào nà er qù wán wǒ dào zhè lǐ lái zuì
子里，我们全家都喜欢到那儿去玩。我到这里来最

dà de lè qù biàn shì děng nà xiē zhǎo mó gu de jiǎ chóng men tā men de dòng
大的乐趣便是等那些找蘑菇的甲虫们，它们的洞

随处都可以看到，而且门是开着的，不过在洞口堆着

一堆疏松的泥土。洞大约有几寸深，一直向下，而且

往往在比较松软的泥土中。

你看，这洞里的甲虫正在啃着一个小蘑菇，已

经吃完了一部分。它虽然已经累了，但仍旧紧紧地抱

着它，这是它的宝贝，是它一生中的最爱。从周围

许多吃剩的碎片来看，这只甲虫已经吃得很饱了。

当我从它手中夺过这宝物的时候，我发现这是

一种很小的地下菌，叫枯露菌。

所谓枯露菌，指的是一种长在地底下的

蘑菇，非常难找。狗常常被用来做

这种工作。我有好几次跟着一

只在这方面极有经验的狗一同出去工作。而那只狗，的的确确是一个找蘑菇的专家。这只狗的主人，是村里有名的枯露菌商人。他起初怀疑我要窥探他的秘密，要和他进行商业竞争，后来有人告诉他我只是想要采集地下植物的标本，要借他的狗用一用，他才放心了，并允许我和他一同出发去工作。

人类很难寻找到的枯露菌，小甲虫却轻而易举地找到了。

小甲虫从洞里慢慢地走出来，一边快活地唱着歌，一边悠闲地散着步。它仔细地搜索这地底下所埋的东西。它的嗅觉告诉它哪个地方有菌，哪个地方虽然泥土肥沃，但地底下绝不会有菌类。

当小甲虫判定在某一点下面有菌的时候，便一直往下挖，最后总能得到它的食物。它挖的洞也成了临时宿舍，在食物没有吃完之前，它是不会离开自己掘的洞的，它会在洞底快活地吃着，管它洞门是开着的还是关着的呢。

等到洞里的食物都吃完后，它就要搬家了。它会在别处找一个适当的地方，再挖下去，然后住一阵子，吃一阵子。等到新屋里的食物吃完了，它就再搬一次家。

在整个秋季到来年的春季——菌类的生长季节里，它就这样游历着，"打一枪换一个地方"，从一个洞搬到另一个洞，很辛苦，又很洒脱。

甲虫所食用的菌并没有特殊的气味，那么，它是如何找出地底下的枯露菌的呢？它是聪明的甲虫，自有一套办法。我们人类就望尘莫及①了，哪怕是"千里眼"或是"顺风耳"，也无法发现隐藏在地底下的秘密。

读后感悟

　　甲虫为什么要不停地搬家呢？仔细思考一下，就能得出答案：它们要到处寻找食物。对待每一种现象，我们不能只看表面，要学会认真思考。

①比喻远远落在后面

tiáo wén zhī zhū
条纹蜘蛛

bù zhī dào nǐ shì fǒu kàn guo zhè zhǒng zhī zhū　tā de shēn tǐ pàng pàng
不知道你是否看过这种蜘蛛，它的身体胖胖

de　yǒu zhe huáng　hēi　bái sān sè xiāng jiàn de tiáo wén　kàn qǐ lái piào liang jí
的，有着黄、黑、白三色相间的条纹，看起来漂亮极

le　tā de bā zhī jiǎo huán rào zài shēn tǐ zhōu wéi　hǎo xiàng chē lún de fú tiáo
了。它的八只脚环绕在身体周围，好像车轮的辐条。

tā de míng zi jiào zuò　tiáo wén zhī zhū　zài wǒ suǒ jiàn dào guo de zhī zhū
它的名字叫作"条纹蜘蛛"。在我所见到过的蜘蛛

zhōng　tiáo wén zhī zhū wú lùn zài jǔ zhǐ shang hái shi yán sè shang dōu shì zuì wán
中，条纹蜘蛛无论在举止上还是颜色上都是最完

měi de yì zhǒng
美的一种。

tiáo wén zhī zhū jī hū shén me xiǎo chóng zi dōu ài chī　bù guǎn shì huáng
条纹蜘蛛几乎什么小虫子都爱吃，不管是蝗

chóng　cāng ying　qīng tíng　hái shi hú dié　tā cháng cháng bǎ wǎng héng kuà zài
虫、苍蝇、蜻蜓，还是蝴蝶。它常常把网横跨在

xiǎo xī de liǎng àn　yīn wèi nà zhǒng dì fang liè wù bǐ jiào chōng zú　yǒu shí hou
小溪的两岸，因为那种地方猎物比较充足。有时候

tā yě huì zài zhǎng zhe xiǎo cǎo de xié pō shang huò yú shù lín li zhī wǎng　yīn
它也会在长着小草的斜坡上或榆树林里织网，因

为那里是蚱蜢的乐园。

它的武器是张大网，网的周围挂在附近的树枝上。它的网和其他蜘蛛的网差不多：放射形的蛛丝从中央向四周扩散，然后在这上面连续地盘上一圈圈的螺线，从中央一直到边缘。整张网做得非常大，而且整齐对称。

在网的下半部，有一根又粗又宽的带子，从中心一曲一折，直到边缘，这是它的作品的标记，同时也能使网更牢固。

条纹蜘蛛织好网后，就静静地坐在网的中央，等待猎物自己上门。有时候，它会好几天一无所获[1]，也有时候它的食物会丰盛得好几天都吃不完。

条纹蜘蛛的网十分牢固，身体比它大几倍的蝗虫跌进网中，也没有逃生的希望。因为条纹蜘蛛

①什么东西都没有得到

huì yòng sī náng shè chū sī huā　rán hòu bǎ　zì　jǐ　zhì zào de
会 用 丝 囊 射 出 丝 花，然 后 把 自 己 制 造 的

sī　zhì suǒ liàn mián mián bú duàn de chán dào huáng chóng shēn shang　zhí dào nà bái
丝 质 锁 链 绵 绵 不 断 地 缠 到 蝗 虫 身 上，直 到 那 白

sī wǎng li de qiú tú jué dìng fàng qì　dǐ kàng　zuò yǐ dài bì ❶　rán hòu　tiáo
丝 网 里 的 囚 徒 决 定 放 弃 抵 抗、坐 以 待 毙 。然 后，条

wén zhī zhū biàn dé　yì yáng yáng de xiàng tā de liè wù zǒu guò qù　yòng tā de
纹 蜘 蛛 便 得 意 扬 扬 地 向 它 的 猎 物 走 过 去，用 它 的

dú yá yǎo zhù huáng chóng　měi zī　zī de bǎo cān yí dùn　chī wán hòu tā yòu huí
毒 牙 咬 住 蝗 虫，美 滋 滋 地 饱 餐 一 顿。吃 完 后 它 又 回

---

①坐着等死

111

到网中央，继续等待下一个送上门来的猎物。

冬季，很多虫子都在冬眠。这个时候，如果你到草丛里或树林里仔细搜寻的话，也许就能找到一种神秘的东西：条纹蜘蛛的巢。那是一个丝织的袋子，是一件真正的艺术品。袋子的形状像一个倒置的气球，和鸽蛋差不多大，底部宽大，顶部狭小，顶部是削平的，围着一圈扇形的边。整个看来，这是一个用几根丝支持着的像蛋一样的物体。条纹蜘蛛就是在这个袋子里产卵的。

巢的顶部是凹形的，上面像盖着一个丝盖碗。巢的其他部分都包着一层又厚又细嫩的白缎子，上面点缀着一些丝带和褐色或黑色的花纹。这层白缎子是防水的，雨水或露水都不能浸透它。缎子下面有一层红色的丝，很蓬松，比天鹅的绒毛还要软，比冬天的火炉还要暖和。小蜘蛛们在这张舒适的床上就不会受到寒冷空气的侵袭了。

在建巢工作完成后,蜘蛛妈妈看了宝宝们最后一眼,就头也不回地离开了。它再也不回来了,因为它已经没有精力操心了。在给孩子做巢时,它已经把所有的丝都用光了。它在衰老和疲惫中过了几天,然后安详地死去了。

到了来年三月间,条纹蜘蛛的卵开始孵化了。孵化出来的小蜘蛛,背部是淡黄色的,腹部是巧克力色的,它们要在巢的里面待上整整四个月。在这段时间里,它们的身体渐渐变得强壮起来。

到了六七月里,这些小蜘蛛急于要冲出来了。这时候,巢会像成熟种子的果皮一样自己裂开,自动地把后代送出来。小蜘蛛们一出巢,就各自爬到附近的树枝上,不用别人教,就可以自己放出丝来。

cháng shòu de láng zhū
长 寿 的 狼 蛛

　　yīn wèi zhī zhū zhǎng zhe yí fù zhēng níng de wài biǎo　suǒ yǐ dà bù fen rén
　　因为蜘蛛长着一副狰狞的外表，所以大部分人

jué de tā men hěn kě pà　yí kàn dào jiù xiǎng bǎ tā men cǎi sǐ　dàn shì shí
觉得它们很可怕，一看到就想把它们踩死。但事实

shang　dà bù fen zhī zhū duì rén shì wú hài de　bù guǎn tā men néng zěn yàng xùn
上，大部分蜘蛛对人是无害的。不管它们能怎样迅

sù de jié shù yì zhī xiǎo chóng zi de shēng mìng　duì yú wǒ men rén lèi lái
速地结束一只小虫子的生命，对于我们人类来

shuō　nà bú huì yǒu bǐ wén zi de yí cì gèng kě pà de hòu guǒ
说，那不会有比蚊子的一刺更可怕的后果。

　　bú guò　shǎo shù zhǒng lèi de zhī zhū dí què shì yǒu dú de　bǐ rú láng
　　不过，少数种类的蜘蛛的确是有毒的，比如狼

zhū　jù yì dà lì rén shuō　láng zhū de yí cì néng shǐ rén jìng luán ér fēng kuáng
蛛。据意大利人说，狼蛛的一刺能使人痉挛而疯狂

de tiào wǔ
地跳舞。

　　zài wǒ zhù de zhè yí dài　zuì lì hai de shì hēi dù láng zhū　tā de fù
　　在我住的这一带，最厉害的是黑肚狼蛛。它的腹

bù zhǎng zhe hēi sè de róng máo hé hè sè de tiáo wén　tuǐ bù yǒu yì quān quān
部长着黑色的绒毛和褐色的条纹，腿部有一圈圈

灰色和白色的斑纹。这种蜘蛛像它们的名字一样，是一个凶残的屠夫①，一捉到食物就将其杀死，当场吃掉。

但是狼蛛要得到猎物，必须冒很大的风险。因为它们除了毒牙以外，再也没有别的武器，而且它们捕食的唯一办法就是——扑在敌人身上，立刻用毒牙刺入敌人头部最致命的地方。

狼蛛的毒素是一种非常厉害的武器，能毒死幼小的麻雀，甚至身体大它许多倍的鼹鼠。

狼蛛的网不是织在高高的树枝上，而是织在地上，藏在山洞里。因为在洞里没有任何帮助它猎食的东西，它们必须始终傻傻地守候着。狼蛛很有耐性，也很有理性。它们确信猎物总有一天会来。所以狼蛛等蝗虫、蜻蜓之类走到它们身旁时，就立

①比喻杀害无辜者的人

kè cuān shàng qù zhuō zhù liè wù jiāng qí shā sǐ huò shì dāng chǎng chī diào huò
刻蹿上去捉住猎物，将其杀死，或是当场吃掉，或

zhě tuō huí qù yǐ hòu chī
者拖回去以后吃。

láng zhū yǒu yí gè néng jié zhì de wèi zài è le hěn cháng yí duàn shí jiān
狼蛛有一个能节制的胃，在饿了很长一段时间

hòu tā men bìng bú jiàn dé qiáo cuì zhǐ shì biàn de jí qí tān lán jiù xiàng láng
后，它们并不见得憔悴，只是变得极其贪婪，就像狼

yí yàng
一样。

xiǎo láng zhū hé dà láng zhū yí yàng hěn xiǎo láng zhū zài cǎo cóng li pái huái
小狼蛛和大狼蛛一样狠。小狼蛛在草丛里徘徊

着,看到它们想吃的猎物,就冲过去蛮横地把它赶出巢。那逃命者正预备起飞逃走,小狼蛛已经扑上去把它逮住了。

狼蛛虽然非常可怕,但是它爱护自己的家庭的行为让人十分感动。

八月里,狼蛛妈妈在地上织一个丝网,很粗糙但很坚固。在网上,它用最好的白丝织成硬币大小的席子,再把席子的边加厚,变成一个碗的样子,它在这碗里产卵,再用丝把它们盖好。它用腿把圆席卷成一个袋子,最后把藏卵的袋子从丝网上拉下来。

这袋子是个白色的丝球,摸上去又软又黏,像樱桃一般大。袋子里除了卵以外,没有别的东西,狼蛛不必担心气候对卵的影响,因为在冬天来临之前,狼蛛的卵早已孵化了。

差不多有三个多星期，它总是拖着它的宝贝小袋。如果这个小袋子脱离它的怀抱，它就会立刻疯狂地扑上去，紧紧地抱住小袋子，并时刻准备攻击抢它宝贝的敌人。接着它很快地把小球挂到丝囊上，很不安地带着丝囊匆匆离开。

在夏天将要结束的三四个星期里，狼蛛天天把它的卵放在太阳底下轻轻转动着，直接利用这个天然的大火炉孵化狼蛛宝宝。

在九月初的时候，小狼蛛要准备出巢了。这些小狼蛛出来以后，就爬到母亲的背上，紧紧地挤着。这些小狼蛛都很乖，它们从不乱动，不会推开其他蜘蛛。它们的母亲，不管是在洞里沉思，还是爬出洞外去晒太阳，从不会把这件沉重的"外衣"甩掉，直到好季节的降临。这期间至少要经过五六个月。

狼蛛妈妈背着小狼蛛外出的时候，这些小东西

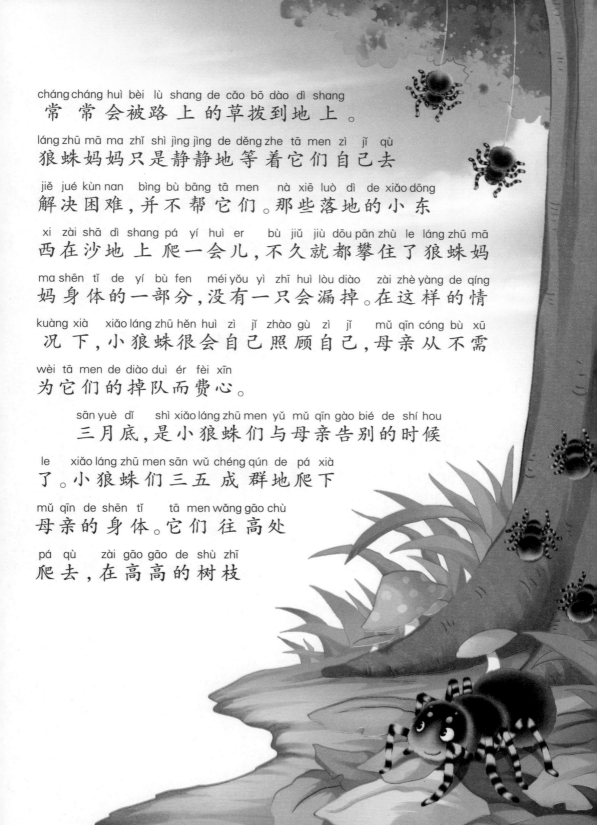

cháng cháng huì bèi lù shang de cǎo bō dào dì shang
常 常 会 被 路 上 的 草 拨 到 地 上 。

láng zhū mā ma zhǐ shì jìng jìng de děng zhe tā men zì jǐ qù
狼 蛛 妈 妈 只 是 静 静 地 等 着 它 们 自 己 去

jiě jué kùn nan bìng bù bāng tā men nà xiē luò dì de xiǎo dōng
解 决 困 难 ，并 不 帮 它 们 。那 些 落 地 的 小 东

xi zài shā dì shang pá yí huì er bù jiǔ jiù dōu pān zhù le láng zhū mā
西 在 沙 地 上 爬 一 会 儿 ，不 久 就 都 攀 住 了 狼 蛛 妈

ma shēn tǐ de yí bù fen méi yǒu yì zhī huì lòu diào zài zhè yàng de qíng
妈 身 体 的 一 部 分 ，没 有 一 只 会 漏 掉 。在 这 样 的 情

kuàng xià xiǎo láng zhū hěn huì zì jǐ zhào gù zì jǐ mǔ qīn cóng bù xū
况 下 ，小 狼 蛛 很 会 自 己 照 顾 自 己 ，母 亲 从 不 需

wèi tā men de diào duì ér fèi xīn
为 它 们 的 掉 队 而 费 心 。

sān yuè dǐ shì xiǎo láng zhū men yǔ mǔ qīn gào bié de shí hou
三 月 底 ，是 小 狼 蛛 们 与 母 亲 告 别 的 时 候

le xiǎo láng zhū men sān wǔ chéng qún de pá xià
了 。小 狼 蛛 们 三 五 成 群 地 爬 下

mǔ qīn de shēn tǐ tā men wǎng gāo chù
母 亲 的 身 体 。它 们 往 高 处

pá qù zài gāo gāo de shù zhī
爬 去 ，在 高 高 的 树 枝

上放出丝，吊在丝上荡来荡去。如果风足够大的话，就会把它们吹到很远的地方去。这些小狼蛛纷纷飘到了各个陌生的地方，开始新的生活。

不过，狼蛛妈妈似乎并不感到悲痛。它更加精神焕发①地到处觅食。不久以后它就要做祖母了，以后也许还要做曾祖母，因为一只狼蛛可以活上好几年呢。

读后感悟

小狼蛛们长大后一个个离开妈妈，到其他地方去生活。我们人类也是这样，孩子长大后就离开家庭，独立生活。所以我们要珍惜现在和父母一起生活的每一分钟。

①形容精神振作，情绪饱满

蛛网的建筑

小蜘蛛们都是在白天织网的，而它们的母亲却是要等到黑夜才开始纺织。每到一定的月份，成年蜘蛛们便在太阳下山前两小时左右开始它们的工作了。

这些蜘蛛离开它们白天的居所，各自选定地盘，开始纺线。有的在这边，有的在那边，谁也不打扰谁。

织网的开始是打基础，蜘蛛在花枝上爬来爬去，从一个枝头爬到另一个枝头。渐渐地，它开始用后腿把丝从身体里拉出来，放在某个地方作为底子，然后一会儿爬上，一会儿爬下，结果就构成了一个不规则的丝架子。这是一个垂直的扁平的"地基"。正是因为它是错综交叉的,所以这个"地基"很牢固。

后来它在架子的表面横过一根特殊的丝,那是一个竖固的网的基础。这根丝的中央有一个白点,那是一个丝垫子。

现在是蜘蛛做捕虫网的时候了。它先从中心的白点沿着横线爬,很快就爬到架子的边上,然后以同样快的速度回到中心,再从中心出发爬到架子边上。

就这样,它每爬一次便拉成一个半径,或者说做成一根辐。不一会儿,便做成了许多辐,不过次序很乱。

可是,等蜘蛛网完全建成后,我们会发现那张网是那么整洁而规整。所以,大部分人都会以为蜘蛛是按着次序一根根地织过去的。事实正好相反，它从不按照次序做辐，但是它知道怎样使成果完美。在同一个方向安置了几根辐后，它就很快地往另一个方向再补上几条，从不偏爱某个方向。

它这样突然地变换方向是有道理的：如果它先把某一边都安置好，那么这边的重量会使网的中心向这边偏移，从而使整张网扭曲，变成很不规则的形状。所以它在一边安放了几根辐后，立刻又要到另一边去，为的是时刻保持网的平衡。

不同的蜘蛛网的辐的数目也不同，角蛛的网有二十一根辐，条纹蜘蛛有三十二根，而丝光蛛有四十二根。这种数目基本上是不变的，因此你可以根据蛛网上的辐条数目来判定这是哪种蜘蛛的网。

做完辐的工作后，蜘蛛就回到中央的丝垫上。然后从这一点出发，踏着辐绕螺旋形的圈子。它现

在正在做一种极精致的工作。它用极细的线在辐

上排下密密的线圈。这是网的中心，也是蜘蛛的

"休息室"。越往外它就用越粗的线绕，圈

与圈之间的距离也比以前大。绕了一会儿

后，它离中心已经很远了，每经过一次辐，

它就把丝绕在辐上粘住。最后，它在"地

基"的下边结束了它的工作。

以上这些工作只是建好了网的支架，要使这张网更为精致，它还得继续努力。于是，它又从边缘向中心绕。而且圈与圈之间排得很紧，所以圈数也很多。蜘蛛不停地绕着圈，一面绕一面把丝粘在辐上。它到达了那个"休息室"的边缘了，于是立刻结束了它的绕线运动。

在以后蜘蛛会把中央的丝垫子吃掉。它这么做是为了节约材料，下一次织网的时候它就可以把吃下的丝再拿出来用了。

条纹蛛和丝光蛛在做好了网后，还会在网的下部边缘的中心织一条很阔的锯齿形的丝带作为标记。有时候，它们还在网的上部边缘到中心织一条较短的丝带，以表明这是它们的作品。

蛛网中用来作螺旋圈的丝是一种极为精致的东西，细得几乎连肉眼都看不出来，但它居然还是由几根更细的线缠合而成的。更让人惊讶的是，这种线还是空心的，空的地方藏着极为浓厚的黏液，它几乎能粘住所有的猎物。

不用担心这黏液会把蜘蛛自己粘住。蜘蛛在自己身上，涂上了一层特别的"油"，这样它就能在网上自由地走动而不被粘住。但它又不能一直停在黏性的螺旋圈上，因为这种"油"是会越用越少的。为了节约，它大部分时间待在自己的"休息室"里。

读后感悟

蜘蛛为了保持蛛网的平衡不停变换方向来织网，尽管这样要付出更多的汗水。我们的生活也是这样，有时候要做好一件事走点弯路可能会做得更好。

蜘蛛的几何学

蜘蛛网不是杂乱无章①的，那些辐排得很均匀，每对相邻的辐所交成的角都是相等的。虽然不同的蜘蛛网辐的数目各不相同，可这个规律适用于各种蜘蛛。

蜘蛛织网的方式很特别，它把网分成若干等份，同一类蜘蛛所分的份数是相同的。当它安置辐的时候，我们只见它向各个方向乱跳，似乎毫无规则，但是这种无规则工作的结果是织出一张规则而美丽的网。即使用了圆规、尺子之类的工具，也没

①形容又多又乱，没有条理

有一个设计家能画出一个比这更规范的网来。

我们可以看到，在同一个扇形里，所有的弦，也就是那构成螺旋形线圈的横辐，都是互相平行的，并且越靠近中心，这种弦之间的距离就越远。

蛛网的结构符合数学家们所称的"对数螺线"，这种螺旋线在大自然中普遍存在。

有许多动物的建筑都采取这一结构，例如蜗牛，还有鹦鹉螺。在壳类的化石中，这种螺旋线的例子还有很多。

可是这些动物是从哪里学到这种高深的数学知识的呢？又是怎样把这些知识应用于实际的呢？就像蜘蛛，它很熟悉对数螺线，而且能够简单地运用到它的网中。

这除了是天生的技能外，没有别的答案了。因此，动物们在不知不觉地练习高等几何学，完全是

靠着它生来就有的本领很自然地工作着。

我们抛出一个石子，让它落到地上，这石子在空间的路线是一种特殊的曲线。科学家称这种曲线为抛物线。

几何学家对这种曲线做了进一步的研究，他们假想这曲线在一根无限长的直线上滚动，那么它的焦点将要划出怎样一道轨迹呢？答案是：垂曲线。

我们到处可以看到垂曲线的图形：当一根弹性线的两端固定，而中间松弛的时候，它就形成了一条垂曲线；当船帆被风吹着的时候，就会弯曲成垂曲线的图形……

在蛛网上，我们也能发现垂曲线。比如，在一个有雾的早晨，蛛网上沾满了许多小小的露珠，它的重量把蛛网的丝压得弯下来，于是构成了许多垂曲线，像许多透明的宝石串成的链子。太阳一出来，这一串珠子就发出彩虹一般美丽的光彩。

望着这美丽的链子，你会发现科学之美和自然之美。

这种自然的几何学告诉我们，宇宙间有一位万能的几何学家，它已经用神奇的工具测量过宇宙间所有的东西。

zhī zhū de diàn bào xiàn
蜘蛛的电报线

chú le tiáo wén zhī zhū hé sī guāng zhī zhū bú gù liè rì bào shài shǐ zhōng
除了条纹蜘蛛和丝光蜘蛛不顾烈日暴晒，始终

xiē zài wǎng zhōng yāng wài qí tā zhī zhū yí lǜ bú zài bái tiān chū xiàn tā men
歇在网中央外，其他蜘蛛一律不在白天出现。它们

zài lí kāi wǎng de bù yuǎn chù lìng wài yǒu yí gè yǐn bì de chǎng suǒ shì yòng
在离开网的不远处，另外有一个隐蔽的场所，是用

yè piàn hé xiàn juǎn chéng de bái tiān tā men jiù duǒ zài zhè lǐ miàn jìng jìng
叶片和线卷成的。白天它们就躲在这里面，静静

de ràng zì jǐ xiàn rù shēn shēn de chén sī zhōng
地，让自己陷入深深的沉思中。

yáng guāng míng mèi de bái tiān suī rán huì shǐ zhī zhū men tóu yūn mù xuàn ①
阳光明媚的白天虽然会使蜘蛛们头晕目眩，

què yě shì qí tā kūn chóng zuì huó yuè de shí hou suǒ yǐ zhèng shì zhī zhū men bǔ
却也是其他昆虫最活跃的时候，所以正是蜘蛛们捕

shí de hǎo shí jī rú guǒ yǒu yì xiē yòu cū xīn yòu yú chǔn de kūn chóng pèng dào
食的好时机，如果有一些又粗心又愚蠢的昆虫碰到

wǎng shang bèi zhān zhù le zhī zhū biàn huì shǎn diàn bān de chōng guò lái
网上，被粘住了，蜘蛛便会闪电般地冲过来。

①头晕眼花，感到一切都在旋转

它是怎么知道网上发生的事的呢？让我来解释吧。

其实使它知道网上有猎物的是网的振动，而不是它自己的眼睛。

在蜘蛛网的中心，有一根丝一直通到它隐居的地方，这根线的长短大约有二十二寸。不过角蛛的网有些不同，因为它们是隐居在高高的树上的，所以它的这根丝一般有八九尺长。

这条斜线还是一座桥梁，靠着它，蜘蛛才能迅速地从隐居的地方赶到网中。等它在网中央的工作完毕后，又沿着这根线回到隐居的地方。不过这根线的作用并不仅仅是这些。

这根线之所以要从网的中心引出，是因为中心是所有的辐的出发点和连接点，每一根辐的振动，对中心都有直接的影响。

一只虫子在网的任何一部分挣扎，都能把振动直接传导到中央这根线上。所以蜘蛛躲在远远的隐蔽处，就可以从这根线上得到猎物落网的消息。

这根斜线不但是一座桥梁，而且是一种信号传导工具，是一根电报线。

年轻的蜘蛛都很活泼，它们都不懂得接电报线的技术。只有那些老蜘蛛们，当坐在绿色的帐幕里默默地沉思或是安详地睡觉的时候，它们会留心着电报线发出的信号，从而得知远处的动静。

长时间的守候是辛苦的，为了减轻工作的压力，能好好休息一会儿，同时又丝毫不放松对网上发生的情况的警觉，蜘蛛们总是把腿搁在电报线上。

我曾经在树丛中看到过一只蜘蛛，它躲在一个用枯叶和丝做成的屋子里。它后腿的顶端连着一根丝线，而那线正是那根电报线。

当几只蝗虫在蜘蛛眼前飞过的时候，它一点反应也没有。然而，只要猎物落入它的网中，它便会迅速出动。

还有一点值得讨论的地方。那蛛网常常会被风吹动，那么电报线能不能区分网的振动是来自猎物的到来还是风的吹动呢？

我想应该是可以的。

因为事实上，当风的吹动引起电报线晃动的时候，在居所里闭目养神的蜘蛛并不行动，它对这种假信号不屑一顾①。

蜘蛛用一个脚接着电报线，用腿听着信号，还能分辨出囚徒挣扎的信号和风吹动所发出的假信号。这是不是很神奇呢？

读后感悟

蜘蛛的眼睛虽然不敏锐，但它的感觉很灵敏，所以，它利用丝线的振动来捕获食物。人无完人，我们也有长处和短处。我们要学会扬长避短，这样才能把事情做得更好。

①认为不值得一看，形容极端轻视

bú huì zhī wǎng de xiè zhū
不会织网的蟹蛛

dà zì rán zhōng hái yǒu yì zhǒng bú huì zhī wǎng de zhī zhū   tā zhǐ děng
大自然中还有一种不会织网的蜘蛛。它只等

zhe liè wù pǎo jìn cái qù zhuō   ér qiě tā shì héng zhe zǒu lù de   yǒu diǎn er
着猎物跑近才去捉，而且它是横着走路的，有点儿

xiàng páng xiè   suǒ yǐ jiào xiè zhū
像螃蟹，所以叫蟹蛛。

zhè zhǒng zhī zhū bú huì yòng wǎng liè qǔ shí wù   ér shì huì mái fú zài huā
这种蜘蛛不会用网猎取食物，而是会埋伏在花

de hòu miàn   děng liè wù jīng guò shí   lì jí chōng shàng qù zài liè wù jǐng bù qīng
的后面，等猎物经过时，立即冲上去在猎物颈部轻

qīng yí cì   nǐ bié xiǎo kàn zhè qīng qīng de yí cì   zhè néng zhì tā de liè wù yú
轻一刺。你别小看这轻轻的一刺，这能置它的猎物于

sǐ dì
死地。

xiè zhū hěn xǐ huan bǔ shí mì fēng   mì fēng zhuān xīn cǎi huā mì de shí
蟹蛛很喜欢捕食蜜蜂。蜜蜂专心采花蜜的时

hou   xiè zhū jiù hǔ shì dān dān①   de cóng yǐn cáng de dì fang qiāo qiāo pá chū lái
候，蟹蛛就虎视眈眈①地从隐藏的地方悄悄爬出来，

①像老虎一样凶狠地注视着。形容心怀不良

绕到蜜蜂背后，越走越近，然后突然冲上去，在蜜蜂颈背上的某一处刺了一下。蜜蜂无论怎么挣扎也摆脱不了那一刺。

这一刺可不是随便出手的。它刚好刺在蜜蜂颈部的神经中枢上。蜜蜂的神经中枢被麻痹了，腿也开始僵化，不能动弹了。一秒钟之内，一个小生命就宣告结束了。蟹蛛则快乐而满足地吸着它的血，吸完后抹抹嘴巴，残酷地把蜜蜂的遗骸丢在一边。

尽管如此，这个残暴的刽子手在家里却是个非常温柔的母亲。

蟹蛛虽然又矮又胖，但是它们的皮肤比任何绸缎都要好看，有的是乳白色的，有的是柠檬色的。人们见了别的蜘蛛都敬而远之[1]，但对美丽的蟹蛛却一

---

①表面上表示尊敬，实际上不愿接近

点儿也不害怕，因为它长得实在太漂亮、太可爱了。

蟹蛛常在花丛的中间筑巢，它织着一只白色的丝袋，形状像一个顶针。这个白色的丝袋就是它的卵的安乐窝，袋口上还盖着一个又圆又扁的绒毛盖子。在屋顶的上部有一个用绒线做成的圆顶，里面还夹杂着一些凋谢了的花瓣，这就是它的瞭望台。从外面到瞭望台上，有一个开口作为通道。

蟹蛛像一名尽心尽责的卫兵一样，天天守在这瞭望台上。那么它守在这里到底做什么呢？原来它是通过舒展身体来遮蔽它珍贵的卵。尽管产完卵后，它日渐消瘦，变得越来越孱弱①，但它依然坚守在这里，顾不上吃饭、喝水、睡觉。

两三个星期后，蟹蛛妈妈变得更瘦了，仿佛一阵风就能把它卷走。但它的守护工作却丝毫不见有

---

①单薄瘦弱

松懈。它在等它的孩子们出世，这个垂死的母亲希望自己还能为孩子们尽一点力。

蟹蛛的巢封闭得很严密，又不会自动裂开，顶上的盖也不会自动升起。奄奄一息的母亲顽强地支撑了五六个星期，就是在等着袋子里的小生命不耐烦地骚动的时刻暗中帮助它们。它用尽全身的力气在袋壁上打了一个洞，便于让小蟹蛛们钻出来。这个任务完成之后，它便安然去世了。

小蟹蛛从卵里出来以后，很快地爬到树枝的顶端，又很快地用交叉的丝线织成互相交错的网，这便是它们的空中沙发。它们安静地在这沙发上休息了几天后，就开始搭起吊桥来。

不久，小蟹蛛们便开始纺线做它们的飞行工具了。只见它们的动作越来越快，一个劲儿地往树枝的顶上爬，飞快地纺线，准备出发！

有三四只蟹蛛同时出发了，但各走各的路，其余的也纷纷爬到树顶上，身后拖着丝。突然起了一阵风，把细丝扯断了，小蟹蛛们便顺着风在空中飘荡了一会儿，随着它们的降落伞——断丝飘走了。它们越飞越远，在又黑又暗的柏树叶丛中，犹如一颗颗闪亮的星星。

它们向四处飞去，有些飞得很高，有些飞得很低；有的往这边，有的往那边……最终都找到了自

jǐ de ān shēn lì mìng zhī chù
已的安身立命之处。

guān yú tā men yǐ hòu de gù shi wǒ jiù bù zhī dào le zài tā men hái
关于它们以后的故事，我就不知道了。在它们还

wú fǎ bǔ liè mì fēng de shí hou tā men zěn me bǔ shí xiǎo chóng zi ne xiǎo
无法捕猎蜜蜂的时候，它们怎么捕食小虫子呢？小

chóng zi hé xiǎo xiè zhū shéi yòu huì zhàn shàng fēng ne tā men huì shòu nǎ xiē tiān
虫子和小蟹蛛谁又会占上风呢？它们会受哪些天

dí de wēi xié ne zhè xiē wǒ dōu bù dé ér zhī
敌的威胁呢？这些我都不得而知。

bú guò děng dào dì èr nián de xià tiān wǒ men kě yǐ kàn dào tā men yǐ
不过等到第二年的夏天，我们可以看到它们已

jīng zhǎng de hěn féi hěn dà fēn fēn duǒ zài huā cóng li tōu xí nà xiē qín láo cǎi
经长得很肥很大，纷纷躲在花丛里偷袭那些勤劳采

mì de mì fēng le
蜜的蜜蜂了。

读后感悟

蟹蛛拥有美丽的外表，内心却很残忍，常常残害小蜜蜂。看来，要认识一个人不能只看他的外表，还要看他的内心。

jì shēng chóng
寄 生 虫

zài bā jiǔ yuè li　　zhèng duì tài yáng de xié pō shì yí ge xiàng huǒ lú yì
在八九月里，正对太阳的斜坡是一个像火炉一

bān de dì fang　zhè lǐ shì huáng fēng hé mì fēng de lè tǔ　　tā men wǎng wǎng
般的地方，这里是黄蜂和蜜蜂的乐土。它们往往

zài dì xià de tǔ duī li máng zhe liào lǐ shí wù　　tā men zài zhè lǐ duī shàng yì
在地下的土堆里忙着料理食物。它们在这里堆上一

duī xiàng bí chóng　huáng chóng huò zhī zhū　zài nà lǐ pái liè zhe yì zǔ zǔ yíng
堆象鼻虫、蝗虫或蜘蛛，在那里排列着一组组蝇

lèi hé máo mao chóng　hái yǒu de zhèng zài bǎ mì zhù cáng zài pí dài li　tǔ
类和毛毛虫，还有的正在把蜜贮藏在皮袋里、土

guàn li　mián dài li huò shì shù yè biān de wèng li
罐里、棉袋里或是树叶编的瓮里。

zài zhè xiē mái tóu kǔ gàn de mì fēng hé huáng fēng zhōng jiān　hái jiā zá zhe
在这些埋头苦干的蜜蜂和黄蜂中间，还夹杂着

yì xiē bié de chóng　nà xiē wǒ men chēng zhī wéi jì shēng chóng　tā men cōng
一些别的虫，那些我们称之为寄生虫。它们匆

cōng máng máng de cóng zhè ge jiā gǎn dào nà ge jiā　nài xīn de duǒ zài mén kǒu
匆忙忙地从这个家赶到那个家，耐心地躲在门口

shǒu hòu zhe　tā men shì yào zhǎo yí ge jī huì qù xī shēng bié rén　yǐ biàn ān
守候着，它们是要找一个机会去牺牲别人，以便安

置自己的家。

寄生虫都有自己特殊的战略。

先来看看这一种寄生虫——它身上长着红、白、黑相间的条纹，形状像一只难看而多毛的蚂蚁，它一步一步地仔细巡查着每一个角落，还用它的触须在地面上试探着。你如果看到它，一定会以为它是一只巨大强壮的蚂蚁，其实这是一种类似黄蜂的"蚁蜂"。它是许多蜂类幼虫的天敌。

它虽然没有翅膀，可是它有一把短剑，或者说是一根利刺。只见它来回走了一会儿，在某个地方停下来，开始挖和扒，最后居然挖出了一个地下巢穴，就跟经验丰富的盗墓贼似的。

蚁蜂钻到洞里停留了一会儿，最后又重新在洞口出现。这一去一来之间，它已经干下了无耻的勾

①纲领，作战的方法

dàng tā qián jìn le bié rén de fáng zi
当。它潜进了别人的房子，

bǎ luǎn chǎn zài nà shuì de zhèng hān de yòu chóng páng
把卵产在那睡得正酣的幼虫旁

biān děng tā de luǎn fū huà chéng yòu chóng yòu chóng jiù huì bǎ fáng
边，等它的卵孵化成幼虫，幼虫就会把房

zi de zhǔ rén dàng zuò shí wù
子的主人当作食物。

zài lái kàn kan lìng wài yì zhǒng jì shēng chóng tā men mǎn shēn shǎn
再来看看另外一种寄生虫——它们满身闪

yào zhe jīn sè de lǜ sè de lán sè de hé zǐ sè de guāng máng tā men shì
耀着金色的、绿色的、蓝色的和紫色的光芒。它们是昆虫世界里的蜂雀，被称作金蜂。这十恶不赦①的金蜂并不懂得挖人家墙角的方法，所以只得等到母蜂回家的时候溜进去。

你看，一只半绿半粉红的金蜂大摇大摆地走进一个捕蝇蜂的巢。这时，母蜂正带着一些新鲜的食物来看孩子们。于是，这个"侏儒"就堂而皇之地进了"巨人"的家。至于那母蜂，不知道是不了解金蜂的丑恶行径和名声，还是被吓呆了，竟任它自由进去吃掉自己的幼虫。

金蜂的恶劣行径还不止于此。当一只泥水匠蜂筑好了一座弯形的巢，把入口封闭，等里面的幼虫渐渐成长，把食物吃完后，吐着丝装饰着它的屋子的时候，金蜂就在巢外等候机会了。一条细细的裂缝，或是一个小孔，都足以让金蜂把它的卵塞进泥

---

①罪恶极大，不可饶恕

水匠蜂的巢里去。到了五月底，泥水匠蜂的巢里又有了一个针箍形的茧子，从这个茧子里出来的，又是一只口边沾满无辜者的鲜血的金蜂，而泥水匠蜂的幼虫，早被金蜂当作美食吃掉了。

还有一种灰白色的小蝇，身上长满了柔软的绒毛，娇软无比，只要你轻轻一摸就会把它压得粉身碎骨。可是当它们飞起来时却有着惊人的速度。那么它又在空中干什么呢？

它正在打坏主意，在等待机会把自己的卵放在别人预备好的食物上。当各种蜂类猎食回来，灰蝇就上来了，紧跟着蜂，不让它从自己的眼皮底下溜走。当母蜂把猎物夹在腿间拖到洞里去的时候，它们也准备行动了。就在猎物将要全部进洞的那一刻，它们飞快地飞上去停在猎物的尾部，产下了卵。就在那一眨眼的工夫里，它们以迅雷不及掩耳之势完成了任务。母蜂还没有把猎物拖进洞的时候，猎物已带有新来的不速之客的种子了，这些"坏种子"变成虫子后，会要把这猎物当作成长所需的食物，而让洞的主人的孩子们活活饿死。

我们所说的昆虫的寄生，其实是一种"行猎"行为。退一步想，我们也不必对它们的行为过于指责，因为它们至少不会抢夺自己的同类。而人类中的"寄生虫"，则往往会损害大家的利益。

读后感悟

寄生虫自己不劳动，靠抢夺别人的食物甚至生命来生活。我们不能做这样的寄生虫，要靠自己的劳动获得报酬。

新陈代谢的工作者

有许多昆虫，它们在这世界上做着极有价值的工作，尽管它们从来没有因此而得到相应的报酬和相称的头衔。

当你走近一只死鼹鼠，看见蚂蚁、甲虫和蝇类聚集在它身上的时候，你可能会全身起鸡皮疙瘩，拔腿就跑。你一定会觉得它们都是可怕而肮脏的昆虫，令人恶心。

事实并不是这样的，它们正在忙着为这个世界做清除工作。

现在让我们来观察一下其中的几只蝇吧，我们

就可以知道它们的行为对人类
和整个自然界是多么的有益。

你一定看见过碧蝇吧？也
就是我们通常所说的"绿头
苍蝇"。它们有着漂亮的金绿
色的外套，闪烁着金属般的
光彩，它们还有一对红色的
大眼睛。

当它们嗅出在很远的地
方有死动物的时候，会立即赶

过去在那里产卵。几天以后，你会惊讶地发现那动物的尸体已经变成了液体，里面有几千条头尖尖的小虫子。

你一定会觉得这种方法有点令人反胃，可是除此之外，还有什么别的更好、更容易的方法消灭腐烂发臭的动物尸体，让它们分解成元素被泥土吸收，再为别的生物提供养料呢？

当然，如果这尸体没有经过碧蝇幼虫的处理，它也会渐渐地风干。但是这样的话，要经过很长一段时间才会消失。碧蝇和其他蝇类的幼虫一样，有一种惊人的本事，那就是能使固体物质变成液体物质。而这种使它能够把固体变成液体的东西，是它嘴里吐出来的一种酵母素，就好像我们胃里的胃液能把食物消化一样。

碧蝇的幼虫就靠着这种自己亲手制作的肉汤

来维持自己的生命。

其实，能做这种工作的，除了碧蝇之外，还有灰肉蝇和另一种大的肉蝇。你常常可以看到这种蝇在玻璃窗上嗡嗡飞着。千万不要让它停在你要吃的东西上面，要不然的话，它会使你的食物也变得满是细菌了。

不过你可不必像对待蚊子一样，毫不客气地去拍死它们，只要把它们赶出去就行了。因为在房间外面，它们可是大自然的功臣。

它们以最快的速度，用动物的尸体产生新的生命，使尸体变成无机物质被土壤吸收，使我们的土壤变得肥沃，从而形成新一轮的良性循环。

现在你明白了吧，它们的所作所为是多么有益于人类，有益于整个自然界。

juǎn xīn cài máo chóng
卷心菜毛虫

　　juǎn xīn cài shì rén lèi ài chī de yì zhǒng shū cài　dàn yǒu yì zhǒng kūn
卷心菜是人类爱吃的一种蔬菜，但有一种昆

chóng cháng cháng tōu chī wǒ men de měi shí ne　nà shì dà bái hú dié de máo
虫常常偷吃我们的美食呢。那是大白蝴蝶的毛

chóng　shì kào chī juǎn xīn cài zhǎng dà de　tā men chī juǎn xīn cài pí jí qí yí
虫，是靠吃卷心菜长大的。它们吃卷心菜皮及其一

qiè hé juǎn xīn cài xiāng sì de zhí wù yè zi　xiàng huā yē cài　bái cài yá　dà
切和卷心菜相似的植物叶子，像花椰菜、白菜芽、大

tóu cài　yǐ jí ruì diǎn luó bo děng　sì hū shēng lái jiù yǔ zhè xiē shū cài yǒu
头菜，以及瑞典萝卜等，似乎生来就与这些蔬菜有

bù jiě zhī yuán①
不解之缘。

　　bái hú dié de luǎn yì bān zhǐ chǎn zài zhè lèi zhí wù shang　bái hú dié měi
白蝴蝶的卵一般只产在这类植物上。白蝴蝶每

nián yào chéng shú liǎng cì　yí cì shì zài sì wǔ yuè lǐ　yí cì shì zài shí yuè
年要成熟两次。一次是在四五月里，一次是在十月，

zhè zhèng shì wǒ men zhè lǐ juǎn xīn cài chéng shú de shí hou　dāng wǒ men yǒu juǎn
这正是我们这里卷心菜成熟的时候。当我们有卷

①不可分解的缘分

xīn cài chī de shí hou　bái hú dié yě kuài
心菜吃的时候，白蝴蝶也快

yào chū lái le
要出来了。

　　bái hú dié de luǎn shì dàn jú huáng
　　白蝴蝶的卵是淡橘黄

sè de　jù chéng yí piàn　yǒu shí hou
色的，聚成一片，有时候

chǎn zài yè zi cháo yáng de yí miàn　yǒu
产在叶子朝阳的一面，有

shí hou chǎn zài yè zi bèi zhe yáng guāng
时候产在叶子背着阳光

de yí miàn
的一面。

　　dà yuē yì xīng qī hòu　luǎn jiù
　　大约一星期后，卵就

biàn chéng le máo chóng　máo chóng chū lái
变成了毛虫，毛虫出来

后第一件事就是把卵壳吃掉。

不久，小虫就要尝尝绿色植物了。卷心菜的灾难也就由此开始了。这些贪吃的小毛虫，除了偶尔有一些伸胳膊挪腿的休息动作外，其他什么都不做，就知道吃。

当几只毛虫并排地在一起吃叶子的时候，你有时候可以看见它们的头一起抬起来，又一起低下去。就这样一次一次重复着，动作非常整齐。

吃了整整一个月之后，它们终于吃够了，于是开始往各个方向爬。它们一面爬，一面把上半身仰起，做出在空中探索的样子，似乎是在做伸展运动。我猜这是为了帮助消化和吸收吧。

冬天到了，它们织起茧子，变成蛹。来年春天，就有蝴蝶从这里飞出来了。

还有一种昆虫，专门猎取卷心菜毛虫，它们

是卷心菜毛虫的天敌，它们长得那样细小，又都喜欢埋头默默无闻地工作，使得园丁们非但不认识它，甚至连听都没听说过它。我们就权且称它们"小侏儒"吧。

春季，如果我们走到菜园里去，一定可以看见，在墙上或篱笆脚下的枯草上，有许多黄色的小茧子，聚集成一堆一堆的，每堆有一个榛仁那么大。每一堆的旁边都有一条毛虫，看上去大都很不完整，这些小茧子就是"小侏儒"的工作成果。它们是吃了毛虫之后才长大的，那些毛虫的残骸，也是"小侏儒"们留下的。

这种"小侏儒"比卷心菜毛虫的幼虫还要小。当白蝴蝶在菜叶上产下橘黄色的卵后，"小侏儒"的蛾就立刻赶去，靠着自己坚硬的钢毛的帮

①不声不响，不出名或不为人们所注意

156

助，把自己的卵产在卷心菜毛虫的卵膜表面上。一只毛虫的卵里，往往可以有好几个"小侏儒"的卵。

当卷心菜毛虫长大后，它似乎并不感到痛苦。它照常吃着菜叶，照常出去游历，寻找适宜做茧子的场所，但是它显得非常萎靡，经常无精打采①。然后，它渐渐地消瘦下去，最后，终于死去。那是当然的，因为有那么一大群"小侏儒"在它身上吸血呢！

读后感悟

卷心菜毛虫根本没有察觉身体上的"小侏儒"，最终被吸干了血死掉了。如果我们感觉不舒服，要赶紧去医院看病，不要把小病养成大病。

①提不起精神

幸福的松毛虫

在八月份的前半个月，如果我们去观察松树的枝端，一定可以看到在暗绿的松叶中，到处点缀着一个个白色的小圆柱。每一个小圆柱，就是一只松毛虫的母亲所生的一簇卵。

这种小圆柱好像小小的手电筒，裹在一对对松针的根部。这小筒有点像丝织品，白里略透一点红。小筒的上面叠着一层层鳞片，软得像天鹅绒，很细致地一层一层盖在筒上，做成一个屋顶，保护着筒里的卵。

这种柔软的绒毛是松毛虫妈妈一点一点地

铺上去的。它牺牲了自己身上的一部分毛，给它的卵做了一件温暖而舒适的外套。

绒毛下面就是松毛虫的卵了，它们好像一颗颗白色珐琅质的小珠。每一个圆柱里大约有三百颗卵，这可真是一个大家庭啊！它们排列得很好看，好像一颗玉蜀黍的穗。

松蛾的卵在九月里孵化。在那时候，如果你把那小筒上的鳞片稍稍掀起一些，就可以看到里面有许多黑色的小脑袋。它们在咬着、推着它们的盖子，慢慢地爬到小筒上面。它们的身体是淡黄色的，黑色的脑袋有身体的两倍那么大。

它们从巢里爬出来后，第一件事情就是吃支持着自己的巢的那些针叶，把针叶啃完后，它们就落到附近的针叶上。如果你去逗它们玩，它们会摇摆起头部和上半身，高兴地和你打招呼。

第二步工作就是在巢的附近做一个帐篷。这帐篷其实是一个用薄绸做成的小球,由几片叶子支持着。在一天最热的时候,它们便躲在帐篷里休息,到下午凉快的时候才出来觅食。

二十四小时后,帐篷已经像一个榛仁那么大。两星期后,就有一个苹果那么大了。冬天快到的时候,它们就要造一个更大更结实的帐篷。它们边造边吃着帐篷范围内的针叶。

也就是说,它们的帐篷同时解决了它们的吃住问题,这的确是一个一举两得的好办法。这样一来它们就不用外出觅食了,自然也就避免了可能会遇到的危险。

也就是这时候,松毛虫改变了它们的服装。它们的背上面长出了六个红色的小圆斑,小圆斑周围环绕着红色和绯红色的毛。红斑的中间又

分布着金色的小斑。而身体两边和腹部的毛都是白

色的。

松毛虫整夜都在巢里歇息，早晨十点左右才

出来，到阳台上集合，大家堆在一起，在太阳底下打

盹，它们就这样消磨掉整个白天。它们会时不时地

摇摆着头以表示它们的快乐和舒适。到傍晚六七点

钟的时候，这班瞌睡虫都醒了，各自从门口回到自

己家里。

做完了一天的工作，就到用餐时间了。它们都

从巢里钻出来，爬到巢下面的针叶上去用餐。它

们都穿着红色的外衣，一堆堆地停在绿色的针叶

上，树枝都被它们压得微微向下弯了。多么美妙的

一幅图画啊！这些食客们都静静地安详地吃着松

叶，吃到深夜才肯罢休。

松毛虫们在松树上走来走去的时候，一路

上吐着丝，织着丝带，回去的时候就依照丝带所指引的路线。

有时候它们找不到自己的丝带而找了别的松毛虫的丝带，那样它就会走入一个陌生的巢里。但是巢里的主人和这不速之客① 之间丝毫不会发生争执。

到了睡觉的时候，大家就像兄弟一样睡在一起了。不论是主人还是客人，大家都依旧在限定的时间里工作，使它们的巢更大、更厚。

它们通常是成百上千地一起工作的，这样团结一致才造就了一个个属于大家的堡垒，一个又大又厚又暖和的大棉袋。多么幸福的松毛虫啊！

领头的松毛虫完全出自偶然，没有谁指定，也没有公众选举，今天你做，明天它做，没有一定的

①没有受到邀请而自己来的客人

guī zé　　rú guǒ duì wu tū rán zài xíng jìn guò chéng zhōng sǎn luàn le
规则。如果队伍突然在行进过程中散乱了，

nà me chóng xīn pái hǎo duì hòu　kě néng lìng yì tiáo sōng máo
那么重新排好队后，可能另一条松毛

chóng jiù chéng le lǐng xiù
虫就成了领袖。

　　zài zhēng yuè lǐ　sōng máo chóng huì tuì dì
　　在正月里，松毛虫会蜕第

èr cì pí　tā bú zài xiàng yǐ qián nà
二次皮。它不再像以前那

me měi lì le　tā bèi bù zhōng
么美丽了，它背部中

yāng de máo biàn chéng le àn dàn
央的毛变成了暗淡

de hóng sè　zhè jiàn tuì le sè
的红色。这件褪了色

de yī fu yǒu yí gè tè diǎn　nà
的衣服有一个特点，那

就是在背上有八条裂缝，像口子一般，可以按毛

虫的意图自由开闭，这些口子非常的灵敏，稍稍有

一点动静它就消失了。当这种裂缝开着的时候，我

们可以看到每只口子里有一个小小的"瘤"。

自从松毛虫第二次蜕皮之后，每次碰到雨天

或暴风雨，它都不会外出，从而避免危险，因此，我

推测松毛虫的第二套服装似乎给了它一种预测

天气的本领。

读后感悟

松毛虫团结合作，互相帮助，所以过得挺幸福的。我们要向松毛虫学习，团结其他人一起努力奋斗，创造更美好的明天。

好父亲西西斯

在昆虫的世界里，我们遇到过许多模范母亲，现在我们来看看好父亲吧！

除非在高等动物中，好的父亲是很少见的。在这方面，鸟类是优秀的，而人类最能尽这种义务。

低级动物当中，父亲对家庭中的事情是漠不关心①的。当看到清道夫甲虫有这种高贵的品质时，我们非常惊奇和难以理解，好多种清道夫甲虫都会负起家庭的重任，并知道两人共同工作的价值。例如蜣螂夫妻，它们共同预备幼虫的食物，父亲帮助

①对人对事感情冷漠，不放在心上

它的伴侣在制造腊肠般的食物时，从事强

有力的轧榨工作。西西斯父亲也是这样。

我的小儿子保罗才七岁，他是我捕捉昆

虫的热心同伴。他清楚地知道蝉、蝗虫、

蟋蟀的秘密，尤其是清道夫甲虫。我们

在山脚下的草地上找着了西西斯，

保罗非常热心地搜索，不久我们

就得到了好几对，收获真是

不少。

这些动物是很小

的，形状也很奇怪：

短而肥的身体，后部是尖的，足很长，伸开来和蜘蛛的脚很像，后足更长，呈弯曲状，挖土和搓小球时最有用。

不久，建设家族的时候到了。父亲和母亲同样热心地从事着搓卷、搬动和储藏食物的工作。当然，这一切都是为了它们的子女。

它们利用前足的刀子，随意地从食物上割下小块来，然后一次次地拍打和挤压，做成了一粒豌豆大的食物圆球。球做好以后，必须用力地滚动。这可以使圆球具有一层硬壳，便于保存里面的食物，使它不至于太干燥。

我们可以从外形上辨别出在前面全副武装的是母亲。它将长长的后足放在地上，前足放在球上，将球向自己的身边拉，向后退着走。父亲处在相反的方位，头向着下面，在后面推。

它们一直在地面上走着，没有固定的目标，也不会轻易改变线路，即使路中央横着巨大的障碍物。就是在平地运输的时候，也会遇到很多困难的。差不多每分钟它们都会碰到隆起的石头堆，货物就会翻倒。

正在奋力推的西西斯也翻倒了，仰卧着把脚乱踢。不过这只是小事情，因为它们常常翻倒，所以它们并不在意。甚至有人以为它们是喜欢这样的。然而无论如何，球是变硬了，而且相当的坚固。跌倒、颠簸①等都是整个过程中必不可少的一部分。这种疯狂的跳跃往往要持续几个小时！

最后母亲以为工作已经完毕，跑到附近找了个适当的地点挖土穴，准备贮存球。父亲留守，蹲在食物的上面。如果它的伴侣离开太久，它就用它高举

---

①上下震荡；不平稳

的后足灵活地搓

球，用以解闷儿。

它处置珍贵的小球

时，就如同演戏者处置它的球

一样。它用变形的腿检验那个

球是否完整。那种高举着球的样

子，无论谁看了，都不会怀疑它生活得很

满足——父亲为保障它子女将来的幸福而满足。它好像是在说："我搓成的这个圆球，是我给我的孩子们做的面包！"

等土穴挖好了，母亲在下面，用足把球抱住往下拉。父亲则在上面，轻轻地往下放，而且还要注意落下去的泥土会不会把穴堵住。一切都进行得很顺利。

第二天，这对夫妇又回到它们从前找到食物的地方，休息一会儿，又收集起材料来。于是它们俩又重新工作，又一起制造模型，运输和储藏球。

我对于这种恒心很是佩服。然而我不敢公然宣布这是甲虫的习性。无疑，有许多甲虫是轻浮的，没有恒心的。但是不要紧，我所看见的这点，关于西西斯爱护家庭的习性，已经使我特别看重它们了。

在我的铁丝笼下有六对西西斯，它们做了五十七个球，每个当中都有一颗卵。平均每一对西西斯有九个以上的幼虫。

什么原因使它产下这么多的后代呢？我看只有一个理由，就是父亲和母亲共同工作，一个家庭的负担，一人的精力不足以应付，两人分担起来就不会觉得太重了。

读后感悟

西西斯爸爸是昆虫界的楷模，它和西西斯妈妈一起努力运送食物、照顾孩子。父爱和母爱一样伟大，一样让人感动。

迷宫蛛的迷宫

　　顾名思义①，迷宫蛛织成的网就像一个迷宫，这个迷宫有一块手帕那么大，周围有许多线把它攀到附近的矮树丛中，使它能够在空中固定住。网的四周是平的，渐渐向中央凹，到了最中间便变成一根管子，大约有八九寸深，一直通到叶丛中。

　　迷宫蛛常常守在管子附近。它的身体是灰色的，胸部有两条很阔的黑带，腹部有两条由白条和褐色的斑点相间排列而成的细带。在它的尾部，有一种"双尾"，这在普通蜘蛛中是很少见的。

---

①看到名称就可联想到它的含义

在管子的底部有一个像门一样的东西，一直是开着的，迷宫蛛在外面遇到危险的时候，可以直接逃回来。

上面那张网是用许多丝线攀到附近的树枝上的。这些丝线，有长的，也有短的；有垂直的，也有倾斜的；有绷得很紧的，也有松弛的；有笔直的，也有弯曲的。它们都杂乱地交叉在三尺以上的高处。

这座迷宫，除了最强大的虫子外，谁都无法逃脱它的束缚。

迷宫蛛的网上的丝是没有黏性的，它的网妙就妙在它的迷乱。你看那只小蝗虫，它刚刚在网上落脚，根本没法让自己站稳，一下子就陷了下去。它开始焦躁地挣扎，可是越挣扎陷得越深，好像掉进了可怕的深渊一样。

迷宫蛛待在管底静静地观察了一段时间，然后不慌不忙地扑到猎物上，一口就让小蝗虫一命呜呼了。那是因为它的毒液起作用了。接下来，它一口一口地慢慢吃着猎物，一副得意扬扬的样子。

到快要产卵的时候，迷宫蛛就要去筑巢了。为了躲避寄生虫，保护自己的宝宝，蜘蛛妈妈总是把巢安在远离蛛网、它认为最安全的地方，至于那个地方美不美观，环境怎么样，倒是不怎么考虑。

迷宫蛛的巢是一个由白纱编织成的卵形的囊，有一个鸡蛋那么大。内部的构造也很复杂，和它的网差不多——看来这种建筑风格在它的脑子里已经根深蒂固①了。

这个布满丝的囊还是一个守卫室，在半透明的丝墙里面还装着一个。这是一个很大的灰白色的丝袋，周围筑着十个圆柱子，在卵室的周围构成一

---

①比喻基础稳固，不容易动摇

个白色的围廊，使卵囊能够固定在巢的中央。蜘蛛妈妈在这个围廊里徘徊着，时时聆听着卵囊里的动静。在这样一个卵囊里面，藏着大约一百颗淡黄色的卵。

在白丝墙里面，还有一层泥墙。那是蜘蛛妈妈为了防止卵受到寄生虫的侵犯，特地把沙砾掺在丝线里面，做成的一道坚固的墙。这丝墙里面还有一个丝囊，那才是盛卵的囊。

和条纹蜘蛛不一样，迷宫蛛妈妈产卵后，不会离开，它会一直紧紧地守着巢。它的胃口还是很好，会照常捕蝗虫吃。它用一团纷乱错杂的丝，筑起了一个捕虫箱，继续补充营养。当它不捕食时，总是尽心尽责地保护着自己未成年的孩子们。

到了九月中旬，小蜘蛛们从巢里出来了。但是它们并不离开巢，它们要在这温软舒适的巢里过

冬。蜘蛛妈妈继续一边看护着它们，一边纺着丝线。

不过岁月无情，它一天比一天迟钝①了，它的食量也渐渐地小了。在它离开这个世界之前，它仍然一步不离地守着这个巢。

到十月底的时候，它用最后一点力气替孩子们咬破巢后，便精疲力竭地死去了。它已尽了一个慈爱的妈妈所应尽的责任。

来年春天，小蜘蛛们会从它们舒适的屋里走出来，靠着它们的飞行工具——游丝，飘散到各地去了。

读后感悟

迷宫蛛的妈妈一直到死，都在用心照料它的孩子。我们的父母也是这样，无时无刻不为我们操心。我们既要感谢父母的爱，也要学会爱他们。

①反应慢，不灵敏

《昆虫记》读后感

杨　可

　　当拿到爸爸给我买的《昆虫记》时，我一下子被书中的文字吸引住了。坐在窗前，随着书一页页地翻动，那些可爱的小家伙们，像石蚕、蝉、蜜蜂、蜘蛛……仿佛就在我的眼前，一蹦一跳，我伸手就能抓住它们。

　　妈妈问我能不能看懂书中的内容，我回答说"当然可以"，因为书中的内容极其简单，而且故事非常生动。在法布尔的笔下，昆虫们不光会唱会跳，有思想，还懂感情。多有趣啊！

　　"'小鸭们'会把身体倒竖起来，上半身埋在水里，尾巴指向空中，仿佛在表演水中芭蕾。"看到这一段时，我想到了暑假和妈妈在水上公园里看到了小鸭子在水中游泳，回来后在日记中也写了鸭子，可一点也没有法布尔写得这么生动、这么有趣。我知道，那是因为法布尔是用"心"在观察、用"心"在写作，而我没有。

　　爸爸告诉我，法布尔为了研究昆虫，放弃了自己安逸的生活，日复一日，月复一月，年复一年地积累研究资料。我在今后的学习中一定要像法布尔那样勤奋刻苦、坚持不懈。

昆虫记 最真感受

这本书的内容多么有趣啊！读了这本书后，你有什么收获和感想呢？快快写下来和大伙分享吧！（参考前页范文写一篇读后感）

姓名 _____

班级 _____

学校 _____